Sitzungsberichte

der

mathematisch-naturwissenschaftlichen Abteilung

der

Bayerischen Akademie der Wissenschaften

zu München

1929. Heft I

Januar-Märzsitzung

München 1929
Verlag der Bayerischen Akademie der Wissenschaften
in Kommission des Verlags R. Oldenbourg München

Sitzungsberichte

der mathematisch-naturwissenschaftlichen Abteilung
der Bayerischen Akademie der Wissenschaften
1929

Sitzung am 12. Januar 1929.

1. Herr J. ZENNECK trägt vor:
„Über die raumakustische Untersuchung von zwei Vor-
tragssälen und über die Frage welche Rolle das zwei-
ohrige Hören für die Raumakustik spielt."

2. Herr M. SCHMIDT berichtet über eine Arbeit von M. NÄBAUER
über

„Terrestrische Strahlenbrechung
und Farbenzerstreuung."

Abschnitt A dieser theoretischen Arbeit behandelt die Ermittlung
der lotrechten terrestrischen Strahlenbrechung schwach geneigter
Sichten. Es wird gezeigt, daß sich unter wenigen sehr plausiblen
Voraussetzungen die vertikale Gesamtrefraktion durch die Rich-
tungsunterschiede ausdrücken lasse, welche ein oder mehrere
Vergleichsstrahlen von bekannter Wellenlänge mit einem Grund-
strahl bilden. In Abschnitt B wird nach Aufdeckung ganz ent-
sprechender Beziehungen für die seitliche Strahlenbrechung noch
auseinandergesetzt, wie man für den besonderen Fall ebener Licht-
strahlen die Lateralrefraktion bei bekannter Höhenbrechung lediglich aus der Richtung der Strahlenspur in der Bildebene er-
mitteln kann. (Erscheint in den Abhandlungen.)

Sitzung am 9. Februar 1929.

1. Herr BORST berichtet über gemeinsam mit A. KÖNIGSDÖRFFER
durchgeführte Untersuchungen
„Über congenitale Porphyrie".

Die Untersuchungen waren morphologischer (histologischer), physikalisch-chemischer, spektroskopischer (insbesondere fluoreszenzspektroskopischer) Art; es schlossen sich experimentelle Arbeiten (Injektion verschiedenartiger Porphyrine und Verfolgung von deren Schicksal im Tierkörper) und vergleichende embryologische Untersuchungen (besonders der Blutbildungsstätten und der Knochen bei Mensch und Tier) an.

Von den allgemeinen Problemen, zu welchen diese Untersuchungen führten, greift der Vortragende folgende heraus:

1. Sind die porphyrischen Farbstoffe in den menschlichen Geweben morphologisch faßbar?
2. Welche Art von Störung liegt bei der Porphyria congenita vor?

Zur ersten Frage gibt der Vortragende ein kurzes Bild der klinischen Erscheinungen und des Sektionsbefundes bei einem Fall von congenitaler Porphyrie (Fall Petry). Dann werden unter Vorweis zahlreicher histologischer Bilder (Hellfeld-, Dunkelfeld-, Fluoreszenzbilder) die Pigmentbefunde in den verschiedensten Organen vorgezeigt. Die Pigmente, teils granulär, teils kristallinisch (Nadeln, Drusen) konnten mit den oben erwähnten Methoden teils als reine Porphyrine, teils als porphyrinhaltige Komplexpigmente (Porphyrine mit Eisen und braunen eiweißartigen Restkörpern oder mit Lipoiden) nachgewiesen werden, teils handelte es sich um Hämosiderin oder Hämatin.

Zur zweiten Frage wird zunächst auf Befunde im Knochenmark im Falle Petry hingewiesen. Hier fanden sich porphyrinhaltige Erythroplasten, welche von Makrophagen bereits im Knochenmark wieder zerstört wurden. Dies wies auf einen Fehler bei der Blutkörperchenbildung hin. Embryologische Untersuchungen zeigten, daß bei Mensch und Tier in frühembryonalen Perioden der Aufbau des Hämoglobins über die Porphyrinstufe geht, ferner, daß die embryonalen Knochen einen reichlichen Porphyringehalt aufweisen. Dies führte zur Annahme eines frühfetalen Porphyrinstoffwechsels in Beziehung zum Hämoglobin, andererseits eines selbständigen Organporphyrinstoffwechsels in diesen fetalen Zeiten. Im Falle der congenitalen Porphyrie (bei Petry) lag also eine abnorme Persistenz eines embryonalen Geschehens vor. Die im Übermaß gebildeten Porphyrine werden zum Teil ausgeschieden (Niere, Darm), teils in den

Organen abgelagert. Dabei ist vielleicht die Bildung von porphyrinhaltigen Komplexpigmenten als eine Abwehrmaßnahme des Organismus aufzufassen, der die toxisch wirkenden Porphyrine in ungiftige Modifikationen überführt. Daß die Porphyrine giftig wirken, konnte durch Injektionsversuche an Tieren gezeigt werden, bei welchen die Porphyrine das Hämoglobin aus den roten Blutkörperchen verdrängten. So erklären sich auch die reichlichen Eisenbefunde bei Petry. Dieses Eisen stammte in letzter Linie von Hämoglobin ab und wurde in den Organen gespeichert (als Hämosiderin) bezw. erschien in den erwähnten eisenhaltigen Komplexpigmenten. Dafür aber, daß es sich um einen fehlerhaften Abbau des Hämoglobins zu Porphyrin und Eisen handle, fanden sich keine Anhaltspunkte: niemals fand sich Hämatin mit Porphyrin oder porphyrischen Komplexpigmenten in einer und derselben Zelle vor; das meiste Porphyrin fand sich auch nicht in den Abbaustätten der roten Blutkörperchen (Milz und Leber), sondern im Knochenmark. So führten also die Untersuchungen zur Annahme — nicht eines fehlerhaften Abbaues, sondern — eines fehlerhaften Aufbaues des Hämoglobins im Sinne der Persistenz eines embryonalen Modus, ähnlich wie Hans Fischer, welcher die vorliegenden Arbeiten stets mit Rat und Tat unterstützte und wertvolle Anregungen, besonders auch zu den experimentellen und embryolischen Untersuchungen, gab, von dem Vorliegen einer Art von Atavismus bei der congenitalen Porphyrie sprach.

(Wird selbständig erscheinen, Verlag Hirzel, Leipzig.)

2. Herr K. von FRISCH spricht

„Über den Gehörsinn der Fische".

Es ist eine sehr alte und immer noch unentschiedene Streitfrage, ob die Fische hören können oder nicht. Die Frage ist von großem Interesse für die Physiologie. Denn dem inneren Ohr der Fische fehlt jener Teil, der in der menschlichen Anatomie als „Schnecke" bezeichnet wird, und beim Menschen wie bei allen höheren Wirbeltieren nach allgemeiner Ansicht allein als das Organ des Gehörsinns gilt. Auf Grund der anatomischen Verhältnisse wäre also zu erwarten, daß die Fische taub sind. Tatsächlich wird von vielen Beobachtern behauptet, daß Fische auch auf sehr laute

Töne in keiner Weise reagieren. Man darf aber nicht vergessen, daß die angewendeten Töne für die Fische keine biologische Bedeutung haben, und daß aus diesem Grunde gar keine Reaktion zu erwarten ist. Doch kann man den Tönen eine biologische Bedeutung geben. Der Vortragende hat dies an einem kleinen, blinden Wels versucht, und jedesmal beim Darbieten des Futters gepfiffen. Der Wels lernte in kurzer Zeit den Zusammenhang und kam auf den Pfiff aus seinem Versteck hervor, um das Futter in Empfang zu nehmen. Er war mit Erfolg auf den Pfiff „dressiert". Ein Schüler des Vortragenden, Herr Stetter, hat diese Untersuchung weitergeführt und ganz überraschende Resultate erzielt. Sie lassen sich im wesentlichen so zusammenfassen:

Alle daraufhin geprüften Fische (6 verschiedene Arten) ließen sich auf Töne (Mundpfiff, Edelmannpfeife, Galtonpfeife, Streichinstrumente, Stimmgabeltöne u. a.) dressieren. Am besten geeignet erwiesen sich Ellritzen. An ihnen konnte auch die Hörschärfe bestimmt werden. Sie beantworteten nach guter Dressur noch Töne, die so leise waren, daß sie ein neben dem Fischbehälter stehender Mensch nur bei gespannter Aufmerksamkeit, ein am gleichen Platz unter Wasser getauchter Mensch meist überhaupt nicht mehr hörte. Weiter ließ sich nachweisen, daß die Ellritzen verschieden hohe Töne voneinander unterscheiden können. Bei einem bestimmten Ton erhielt der Fisch gutes Futter, bei einem anderen (höheren bzw. tieferen) Ton bekam er eine schlecht schmeckende Substanz. Nach längerer Dressur beantwortete er den „Futterton", auch ohne Anwesenheit von Futter, mit lebhaftem Zuschnappen, den „Warnton" aber entweder gar nicht oder mit einer typischen Fluchtreaktion. Mit dieser Methode ließ sich prüfen, wie weit das Tonunterscheidungsvermögen der Fische geht. Im Allgemeinen wurden Töne, die um eine Oktav auseinanderliegen, noch gut unterschieden. Die besten Tiere (auch die Fische zeigen starke individuelle Verschiedenheiten) lernten eine Quint, eine große Terz, und einer sogar die kleine Terz $d_1 f_1$ zuverlässig unterscheiden. Ein Fisch konnte dazu gebracht werden, daß er fünf verschieden hohe Töne (drei Futtertöne und zwei jeweils dazwischen liegende Warntöne) gedächtnismäßig richtig beantwortete. Überraschend war auch die Fähigkeit, den Futterton aus einem Zusammenklang mehrerer Töne herauszuhören.

Solche Leistungen wird man als echtes „Hören" bezeichnen wollen. Es fehlt aber noch der Schlußstein in der Beweiskette: daß es sich um eine Leistung des inneren Ohres handelt, obwohl ihm die „Schnecke" fehlt. Es könnte ja auch ein überaus verfeinerter Tastsinn der äußeren Haut vorliegen. Versuche zu dieser Lokalisationsfrage sind im Gange.

(Die ausführliche Veröffentlichung erfolgt in der Zeitschrift für vergleichende Physiologie, Bd. 9, 1929.)

3. Herr E. STROMER übergibt als Fortsetzung der Ergebnisse seiner Forschungsreisen in den Wüsten Ägyptens eine Abhandlung des Palaeornithologen Prof. K. LAMBRECHT (Budapest)

„Stromeria fajumensis n. g., n. sp , die kontinentale Stammform der Aepyornithidae."

Darin wird ein unvollständiger Laufknochen eines großen Vogels aus dem jüngeren Alttertiär Ägyptens als der einer neuen Gattung erkannt, die nach dem Untersucher die Stammform der ausgestorbenen Riesenlaufvögel (Aepyornithidae) Madagaskars ist. Diese haben sich demnach schon auf dem Festlande zur Alttertiärzeit zu Laufvögeln entwickelt und müssen auf einer einstigen Landbrücke nach Madagaskar eingewandert sein. Der Verfasser gibt am Schlusse auch eine Übersicht über das Wenige, was über die einstige Vogelwelt dieser Insel und Afrikas bekannt ist. (Erscheint in den Abhandlungen.)

4. Herr HANS FISCHER berichtet über eine mit Herrn BÄUMLER durchgeführte Arbeit.

Chlorophyllderivate wurden auf reduktivem Wege in Phylloerythrin übergeführt. (Erscheint in den Sitzungsberichten.)

5. Herr S. FINSTERWALDER legt eine Arbeit von Herrn K. SCHÜTTE vor

„Über den Schwereunterschied München—Potsdam."

Die Neubestimmung im Jahre 1928, die anläßlich den Schweremessungen in der Rheinpfalz vorgenommen wurde, ergab eine sehr befriedigende Übereinstimmung mit der ersten Messung im Jahre 1898 durch Anding. (Erscheint in den Sitzungsberichten.)

6. Herr ALFRED PRINGSHEIM übergibt eine Fortsetzung seiner
Arbeit

„Kritisch-historische Bemerkungen zur
Funktionentheorie."
II. „Über ein ziemlich kompliziertes Singularitäts-Kri-
terium und einen scheinbar sehr elementaren Satz."

Der Satz, daß unter der Voraussetzung $\lim\limits_{\nu > \infty} \dfrac{a_\nu}{a_{\nu+1}} = 1$ die
Reihe $\sum a_\nu x^\nu$ die singuläre Stelle $x = 1$ hat, scheint trotz seines
elementaren Aussehens mit verhältnismäßig einfachen Mitteln
nicht beweisbar zu sein. Trotz verschiedener den Weg deutlich
weisender Fingerzeige scheint ein in allen Einzelheiten durchgeführter und eine normale Auffassungskraft nicht übersteigender
Beweis zur Zeit nicht zu existieren. Diesem Mangel soll hier ab-
geholfen werden. Zugleich soll gezeigt werden, wie man das
grundlegende Beweismittel, ein von Herrn Fabry herrührendes,
in seiner jetzigen Isoliertheit etwas schwerfällig und gesucht
wirkendes Singularitäts-Kriterium sukzessive ganz natürlich aus
dem einfachsten Kriterium dieser Gattung, dem ehemals Vivanti-
schen Satze herauswachsen lassen kann. In diesem Sinne bildet
die vorliegende Mitteilung eine direkte Fortsetzung der als Nr. 1
im vorigen Jahrgange veröffentlichten.

(Erscheint in den Sitzungsberichten.)

Sitzung am 2. März

1. Herr A. PRINGSHEIM bringt einen Nachtrag zu Nr. II seiner
Arbeit

„Kritisch-historische Bemerkungen zur
Funktionentheorie".
Es wird zunächst gezeigt, daß der im zweiten Teil der vorigen
Mitteilung bewiesene Satz betreffend die Singularität der Stelle

$x = 1$, wenn $\lim \dfrac{a_\nu}{a_{\nu+1}} = 1$, noch einer gewissen Verallgemeinerung
fähig ist. Anknüpfend an die ursprüngliche Form des Satzes,
bei welcher es sich um den hinreichenden Charakter der
Bedingung $\lim \dfrac{a_\nu}{a_{\nu+1}} = 1$ handelt, wird sodann daran erinnert, daß

man nur einen Fall kennt, in welchem die fragliche Bedingung auch
als notwendig erscheint: wenn nämlich die Stelle $x = 1$ auf
dem Konvergenzkreise die einzige singuläre und zugleich ein
Pol ist. Für den Fall, daß dieser ein Pol 1ter Ordnung, hat
Hadamard ein Kriterium angegeben, dazu geeignet, diese notwendige Bedingung zu einer hinreichenden zu ergänzen. Der
Versuch, dieses Kriterium direkt auf den Fall eines Pols beliebiger
Ordnung zu übertragen, erweist sich als wenig aussichtsvoll. Es
erscheint daher zweckmäßig, das Hadamard'sche Kriterium
durch ein etwas anders formuliertes zu ersetzen, welches dann,
wie in der vorliegenden Mitteilung gezeigt wird, die unmittelbare
Übertragung auf den Fall eines Poles m^{ter} Ordnung gestattet.

(Erscheint in den Sitzungsberichten.)

2. Herr A. Voss berichtet über eine Arbeit von Prof. Volk,
Kaunas, Litauen

„Über spezielle Kreisnetze".

Herr Volk hat seine Untersuchungen über Scharen von
Kurven konstanter geodätischer Krümmung erweitert auf den
Fall, daß jede Kurve der beiden Scharen auch von konstanter
geodätischer Krümmung ist, aber der Wert der letzteren für die
beiden Scharen verschieden sein kann, so daß diese Krümmungen
von den Variabeln u bezw. v abhängen.

(Erscheint in den Sitzungsberichten.)

Über Rhamphorhynchus und sein Schwanzsegel.

Von **Ludwig Döderlein** in München.

Mit Tafel 1—3 und 10 Textfiguren.

Vorgetragen in der Sitzung am 15. Dezember 1928.

Inhaltsübersicht.

In der einzigartigen Serie von Flugsauriern aus dem lithographischen Schiefer von Solnhofen und Eichstätt, die in der paläontologischen Staatssammlung von München aufbewahrt werden, befindet sich seit 1907 ein sehr beachtenswertes Exemplar von *Rhamphorhynchus Gemmingi* H. v. Meyer, das wohl mehrfach in der Literatur erwähnt ist, aber bisher noch nicht genauer beschrieben oder abgebildet wurde.

Was dieses Stück so besonders interessant macht, ist der Umstand, daß es das Schwanzsegel in ausgezeichnetem Zustand er-

halten zeigt, über dessen Einzelheiten bisher nur Marsh[1]) 1882
berichtet und Abbildung gegeben hat, und daß es ferner auf einzelnen Bruchstücken Andeutungen einer eigenartigen, in Flocken
oder Büscheln auftretenden Bedeckung der Körperoberfläche erkennen läßt. Unglücklicherweise ist dies Exemplar nur in unzusammenhängenden größeren und kleineren Trümmern der Platte
und Gegenplatte in die paläontologische Sammlung gekommen,
nachdem die einzelnen Bruchstücke der Hauptplatte zu einem
Schaustück zusammengesetzt waren, aber offenbar der Raumersparnis wegen gegenüber dem ursprünglichen Zustand mehr
oder weniger stark verschoben sind. Die vorhandenen Lücken
sind durch Gips ergänzt, auf dem einige fehlende Skelett- und Flügel-
teile in recht geschickter Weise naturgetreu nachgebildet wurden.

Es bestand kein Anlaß, das mit einem Rahmen versehene
Schaustück zu zerstören, um die wahrscheinliche ursprüngliche
Lage aller Teile wieder herzustellen, da für die Wissenschaft gar
nichts damit gewonnen würde. Bei der photographischen Aufnahme der Hauptplatte (Tafel 1) wurden die Trümmer der Gegenplatte, soweit sie etwas Bemerkenswertes enthielten, gegenüber
den entsprechenden Teilen der Hauptplatte auf diese gelegt.
Gerade diese wenigen Bruchstücke der Gegenplatte zeigen aber
die interessantesten Teile, die erhalten sind, besser noch als die
Hauptplatte selbst, so den äußeren Teil eines Flügels, das Schwanzsegel und die büschelartige Körperbedeckung.

Dies Exemplar von *Rhamphorhynchus* ist offenbar in fast ungestörtem Zusammenhang und unter den günstigsten Umständen
in dem Kalkschlamm zur Fossilisation gekommen, so daß sich in
seltener Deutlichkeit die Abdrücke von Weichteilen des Flügels,
des Schwanzsegels und der vermutlich teilweise behaarten Körperoberfläche erhalten konnten. Sowohl auf der Hauptplatte wie auf
der Gegenplatte muß ursprünglich das vollständige Tier in wunderbarer Erhaltung vorhanden gewesen sein. Es ist unendlich zu
bedauern, daß von diesem einzigartigen Stück, das vor allem über
die rätselhafte Körperbedeckung der Flugsaurier den erwünschten
Aufschluß hätte geben können, durch den Finder nur einzelne

---

[1]) O. C. Marsh, The Wings of *Pterodactyles*. Americ. Journ. of Science
Vol. 23, p. 251—256, mit Tafel. 1882.

Bruchstücke, wie es der Zufall fügte, aufgelesen worden sind. Kein anderes bekanntes Exemplar der Pterosaurier zeigt nur annähernd eine derartig günstige Erhaltung der Verhältnisse der Körperoberfläche. Was aber nunmehr von dem Exemplar noch vorhanden ist, genügt leider nicht, sich ein befriedigendes Bild von diesen Verhältnissen zu machen.

Herrn Professor Broili, der mir in zuvorkommendster Weise die Gelegenheit gab, dieses Exemplar zu untersuchen und mit anderen in der Sammlung befindlichen zu vergleichen, spreche ich dafür meinen besten Dank aus, ebenso Herrn Professor v. Stromer, dem ich den größten Teil der benutzten Literatur verdanke.

Das vorliegende Exemplar stimmt in seinen Ausmessungen ziemlich gut mit dem von H. v. Meyer[1]) 1860, p. 81 beschriebenen und auf Taf. 9 Fig. 1 abgebildeten Exemplar überein. Es ist deshalb wie dieses als *Rh. Gemmingi* H. v. Meyer zu bezeichnen. Allerdings besitzt es vier Sakralwirbel, während H. v. M. bei seinem Exemplar nur drei angibt. Es stammt aus dem Nachlaß des Naturalienhändlers Kohl in München und kam 1907 in die paläontologische Staatssammlung von München. Als Fundort ist der lithographische Schiefer von Schernfeld bei Eichstätt angegeben.

Reste des Skelettes.

Die in einem Rahmen montierte Hauptplatte besteht aus vier einzelnen größeren Bruchstücken, die durch Gips miteinander verbunden und auf Tafel 1 mit Nr. 1—4 bezeichnet sind.

1. Das erste dieser Bruchstücke enthält den größten Teil des Rumpfes und den proximalen Teil des Schwanzes im Zusammenhang. Der Rumpf liegt mit dem Rücken nach oben. Deutlich lassen sich in fast ungestörter Anordnung und noch im Zusammenhang mit ihren Wirbeln auf der rechten Körperseite 7 Rippen bzw. deren Abdrücke erkennen. Deren erste ist 15.5 mm lang und fast gerade und zeigt ein verbreitertes (3.8 mm) Ende, während die fünfte dieser Rippen säbelförmig gebogen und 26 mm lang ist und in einem dünnen Ende ausläuft. Bei den übrigen Rippen ist die Länge nicht mit voller Sicherheit festzustellen. Die Ge-

---

[1]) H. v. Meyer, 1860, *Rhamphorhynchus Gemmingi* aus dem lithographischen Schiefer von Bayern. Palaeontographica, Bd. 7.

1*

samtlänge der sieben dazu gehörigen Wirbel beträgt 40 mm. An
den folgenden sechs noch vor dem Kreuzbein liegenden Wirbeln
lassen sich Spuren von Rippen nicht mehr erkennen. Hier hat
ein Präparator auf der rechten Seite die Gesteinsmasse entfernt,
um den hier liegenden Humerus freizulegen. Die Länge dieser
sechs Wirbel beträgt zusammen 35 mm. Die folgenden vier Kreuzbeinwirbel zeigen eine kielförmige dorsale Kante, die Neurapophysen. Ihre Gesamtlänge beträgt 18 mm. Die vier von ihnen
ausgehenden flachen und breiten Querfortsätze, die das Becken
tragen, sind auf der linken Körperseite deutlich zu erkennen. Der
erste ist bei einer Länge von 8 mm am proximalen Ende 3.7 mm,
am distalen Ende 6 mm breit; der letzte dieser Querfortsätze ist
kaum 4 mm lang. Die distalen Enden der vier Querfortsätze berühren sich, ihre proximalen Enden sind weit voneinander getrennt.

Bei *Rhamphorhynchus Gemmingi* werden meist vier Kreuzbeinwirbel angegeben. Wo nur drei beobachtet wurden, dürfte es
sich wohl um ungünstig erhaltene Exemplare handeln. Bei dem
vorliegenden Exemplar sind zweifellos vier Wirbel vorhanden,
deren Querfortsätze in ungestörtem Zusammenhang mit dem Ileum
stehen. Der Zustand entspricht durchaus den Abbildungen, die
Zittel[1] 1882, p. 59, Taf. 12, Fig. 2 und Broili[2] für ein anderes Exemplar (1927, p. 36, Fig. 3) veröffentlicht haben, und
die, wie ich mich überzeugen konnte, den Originalen durchaus
entsprechen. Und doch führte Wagner[3] 1858, p. 94, Taf. 5,
Fig. 1 gerade das letztere Exemplar als Beweis dafür an, daß
Rhamphorhynchus nur drei Kreuzbeinwirbel besaß.

Am Becken ist das rechte Acetabulum sehr deutlich mit einem
Längsdurchmesser von 5.3 mm. Von seinem Vorderrand bis zum
Vorderrand des Ileum sind 20 mm.

Der erhaltene proximale Teil des Schwanzes mißt vom letzten
Kreuzbeinwirbel ab 84 mm und besteht aus 9 Wirbeln, von denen
die hinteren viel länger sind als die vorderen. Besonders auf der

---

[1]) K. A. Zittel, 1882. Über Flugsaurier aus dem lithographischen
Schiefer Bayerns. Palaeontographica, Bd. 29, p. 49—80, Taf. 10—13 (1—4).

[2]) F. Broili, 1927. Ein Exemplar von *Rhamphorhynchus* mit Resten
von Schwimmhaut. Sitzgs.-Ber. Bayer. Akad. d. Wiss.

[3]) A. Wagner, 1858. Neue Beiträge zur Kenntnis der urweltlichen Fauna
des lithographischen Schiefers. Abhandl. Bayer. Akad. d. Wiss. Bd. 8, 2. Abt.

linken Seite längs der sechs hinteren Schwanzwirbel lassen sich
sehr scharf die Eindrücke von 6—7 verknöcherten Sehnen erkennen, die nach vorn divergieren.

Vom übrigen Skelett liegen auf diesem Teil der Hauptplatte
noch Bruchstücke der beiden Humeri, und zwar sind es ihre proximalen Teile, der eine in einer Länge von 36 mm, vom anderen
nur das breite Gelenkende. Sie liegen beide neben der rechten
Körperseite in der Lendengegend. Auf der linken Körperseite
kommen unter dem linken Ileum die distalen Hälften von Radius
und Ulna des linken Flügels hervor, in ihrer Fortsetzung der
Carpus und der Metacarpus (22 m) des Flugfingers neben Rudi-
menten weiterer Metacarpalia, und wieder in der Fortsetzung das
proximale Ende der ersten Phalange des Flugfingers, aber nur
in einer Länge von 10 mm. Der Carpus zeigt eine Breite von
9 mm, ebenso das distale Ende von Radius und Ulna zusammen.
Ihr Schaft in der Mitte mißt 3.3, bzw. 2.5 mm.

Vom rechten Acetabulum aus reckt sich in noch ursprüng-
lichem Zusammenhang das rechte Femur fast rechtwinkelig zur
Längsachse des Körpers heraus. Es ist 35 mm lang, der Schaft
in der Mitte 3.1 mm breit. Ebenso ist auf der anderen Seite in
voller Länge vom Acetabulum ausgehend das linke Femur vorhanden mit 36 mm Länge. Sehr deutlich ist am proximalen Ende
die scharfe Knickung erkennbar, die der Hals des Femur bei seiner
Einlenkung in das Acetabulum erfährt. An der Knickung ist das
Femur 5.3 mm breit, der Hals des Femur an seiner schmalsten
Stelle 2.4 mm, der Kopf des Femur 4 mm. In der Mitte ist der
Schaft 3.1 mm breit. Am rechten Femur sind die Verhältnisse
am Hals nicht erkennbar. Zum linken Femur fast rechtwinklig
gebeugt schließt sich hier die lange schlanke Tibia an, die die
Schwanzwirbelsäule überkreuzt, und deren Eindruck in voller
Länge zu beobachten ist, während sie selbst auf der Gegenplatte
noch erhalten ist. Sie besitzt eine Länge von 56 mm; ihr Schaft
ist in der Mitte 2.8 mm breit. Am distalen Ende wird sie 3.7 mm
breit. Wo die Tibia die Schwanzwurzel kreuzt, ist sicher festzustellen, daß sie über ihr liegt, da die verknöcherten Sehnen des
Schwanzes unter ihr liegen. Auf der Gegenplatte, wo die ganze
Tibia und diese Sehnen vollständig erhalten sind, ist dies besonders
deutlich zu erkennen.

2. Ein zweites Bruchstück der Hauptplatte, das bei der Zusammensetzung der Platte offenbar der Raumersparnis wegen um etwa 70 mm kaudalwärts angefügt wurde, zeigt das distale Ende des rechten Humerus mit einer Länge von 20 und einer Breite von 6.2 mm. Daran schließen sich die Eindrücke von Radius und Ulna fast in ihrer ganzen Länge. Ihr distales Ende fehlt, doch ist am Radius schon dessen Endverbreiterung sichtbar. Der vorhandene Teil des Radius ist 63 mm lang; an der Gesamtlänge dürften noch etwa 3 mm fehlen, so daß der ganze Radius etwa 66 mm lang gewesen sein mag. Am proximalen Ende ist die Gesamtbreite von Radius und Ulna 8.1 mm, in der Mitte des Schaftes ist der Radius 3.2, die Ulna 2.4 mm breit. Sie überkreuzen einen darunter liegenden breiten flachen Knochen, der offenbar der ersten Phalange des rechten Flugfingers angehörte.

Neben diesen Armteilen enthält dieses Bruchstück noch den vorderen Teil des Unterkiefers mit den charakteristischen langen schlanken Zähnen, die bis zur Spitze hohl sind (Fig. 10, S. 41). Von diesem Unterkieferstück ist auch die Gegenplatte vorhanden. Ebenso liegt auch der vorderste Teil des Zwischenkiefers vor als besonderes Bruchstück.

3. Ein drittes Bruchstück, aus dem die Hauptplatte besteht, nebst seiner Gegenplatte enthält die 50 mm lange distale Hälfte der ersten Phalange des linken Flugfingers nebst dem proximalen Ende der zweiten Phalange in natürlichem Zusammenhang. Auch dieses Bruchstück scheint aus Gründen der Raumersparnis nicht in der ursprünglichen Stellung zum ersten Bruchstück der Hauptplatte angefügt worden zu sein. Wenn es um den Winkel von etwa 19° gedreht und dadurch die Längsachsen der beiden Endstücke der ersten Phalange zur Deckung gebracht würden, dann würden diese beiden Endstücke die natürliche Stellung zueinander einnehmen, die sie auch offenbar ursprünglich auf der Hauptplatte gehabt hatten. Die Gesamtlänge der ersten Phalange dürfte wahrscheinlich etwa 108 mm betragen haben, die Breite in der Mitte ist 5 mm, am distalen Ende 10 mm.

4. Auf dem vierten Bruchstück der Hauptplatte, von dem auch die vollständige Gegenplatte vorliegt, findet sich das distale Ende der zweiten Phalange sowie die vollständige dritte und vierte Phalange des Flugfingers. Die ganze Länge der zweiten

Phalange dürfte 108 mm betragen haben. Die Breite der zweiten Phalange an ihrer schmalsten Stelle ist 4.7 mm, an ihrem distalen Gelenkende 7.3 mm. Ebenso viel beträgt die Breite am proximalen Gelenkende der dritten Phalange, die an ihrer schmalsten Stelle 3.8 mm mißt, an ihrem distalen Gelenkende 6.3 mm, ebensoviel wie das anstoßende Gelenkende der vierten Phalange, die allmählich gegen ihr Ende zu immer schmäler wird und in der Mitte ihrer Länge noch 2.2 mm breit ist. Die Länge der dritten Phalange ist 100 mm, die der Endphalange 98 mm. Gegenüber dem dritten Bruchstück der Hauptplatte befindet sich das vierte Bruchstück in seiner ursprünglichen Lage, ist aber ebenso wie jenes gegenüber dem ersten Bruchstück verdreht. Bei richtiger Orientierung müßte die Spitze der Endphalange auf den Rahmen des Schaustückes geraten und das auf dem vierten Bruchstück ebenfalls noch vorhandene Schwanzsegel sogar außerhalb des Rahmens zu liegen kommen.

Von knöchernen Skeletteilen zeigt dies vierte Bruchstück auch noch das 128 mm lange Ende der Schwanzwirbelsäule mit den 20 letzten Wirbeln, umgeben von seiner verknöcherten Sehnenscheide. Doch waren diese verschiedenen Bestandteile besonders im Bereich des 80 mm langen Schwanzsegels mit seinen 16 Wirbeln derart zerrissen und zerbrochen, daß es mir zuerst fast aussichtslos erschien, über die Einzelheiten nur einigermaßen Klarheit zu erhalten. Erst nach und nach gelang es mir schließlich, unter Zuhilfenahme anderer Exemplare und nach sorgfältiger Präparation auch daran bestimmte Feststellungen zu machen, und zuletzt war ich selbst ganz überrascht, was man doch alles in diesem wirren Trümmerhaufen noch unterscheiden konnte.

Schwanzwirbelsäule mit Sehnenscheide.

Der Schwanz von *Rhamphorhynchus* ist seiner ganzen Länge nach von einer zusammenhängenden, starren, ungegliederten Scheide umgeben, die aus verknöcherten, völlig geraden Sehnen besteht. Spuren von fadenförmigen Sehnen lassen sich schon an den ersten Schwanzwirbeln gleich hinter den Kreuzbeinwirbeln erkennen und ebenfalls noch an den letzten Wirbeln im hinteren Ende des Schwanzsegels.

Ich fand, daß diese knöcherne Sehnenscheide aus verschieden-
artigen Elementen besteht (Fig. 3 u. 4), vor allem aus feinen fadenförmigen Fasern und aus breiteren, bandförmigen Platten, wie das
schon H. v. Meyer[1]) angegeben hat. Letztere nehmen stets eine bestimmte Lage ein und sind besonders störend bei der Untersuchung
der Wirbelkörper, die sie regelmäßig zum Teil verdecken. Gerade
das vorliegende Exemplar gab mir Gelegenheit, diese Verhältnisse
näher kennen zu lernen, wobei
ich zu folgenden Feststellungen
kam:

Wo die verknöcherten Sehnen
bei *Rhamphorhynchus* noch in ihrer
ursprünglichen Lage erhalten sind,
umhüllen sie die Schwanzwirbelsäule so vollständig, daß die
einzelnen Wirbel darunter nicht
sichtbar sind. Diese knöcherne
Sehnenscheide läßt die einzelnen
dicht aneinanderschließenden und
völlig parallel zu einander verlau-
fenden Längsfasern, aus denen sie
besteht, deutlich erkennen. Die
Fasern liegen wenigstens stellenweise in mehreren Schichten übereinander. In ihrem ursprünglichen
Zustand zeigt das Äußere der Sehnenscheide keine Andeutung von
der Gliederung der von ihr um-
hüllten Wirbelsäule. Nur wenn
durch den Gesteinsdruck die knöchernen Fasern in der Mitte der
einzelnen Wirbel etwas eingebogen

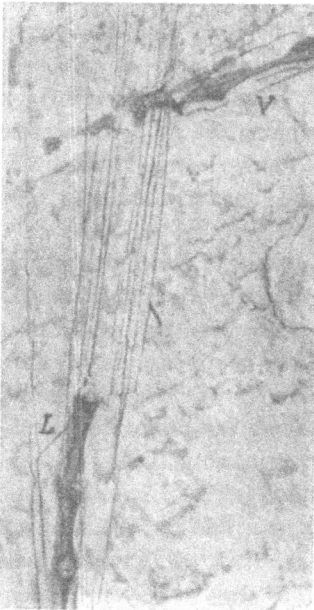

Fig. 1. *Rhamphorhynchus Gemmingi* (*Rh.
curtimanus* Wagner). Schwanzwirbelsäule auseinandergebrochen, mit freien
Sehnenfäden. L = Seitenansicht, V =
Ventralansicht. Nat. Gr.

sind, können die verdickten Gelenkenden der Wirbel mehr oder
weniger deutlich hervortreten und die Zahl der darunter liegenden
Wirbel erkennen lassen.

---

[1]) H. v. Meyer 1860, Reptilien aus dem lithographischen Schiefer.
Frankfurt a. M.

Das Lumen, das die Sehnenscheide umschließt, ist so geräumig, daß die eigentliche Wirbelsäule nur einen Teil davon in Anspruch nimmt und wesentlich in seiner dorsalen Hälfte liegt.

Die fadenförmigen Längsfasern, aus denen die Sehnenscheide besteht, entspringen in der Nähe der vorderen Gelenkenden der einzelnen Wirbel (Fig. 1). Wenn infolge von Mazeration vor dem Fossilisationsprozeß die einzelnen Sehnenfasern sich aus ihrem Gefüge gelöst haben und dann an ihrem Vorderende frei werden, divergieren sie strahlenförmig vom Rand der proximalen Gelenkenden aus, wie das schon Wagner[1]) beschrieben und abgebildet hat. Ich konnte an solchen Exemplaren bis zu 24 einzelne Sehnenfäden zählen, die an einer Stelle neben und übereinander gelegen und so die Sehnenscheide gebildet hatten. An einzelnen Stellen ließ sich als wahrscheinlich feststellen, daß auf jeder Seite eines Wirbels sechs bis acht parallel zu einander verlaufende Sehnenfäden längs seiner dorsalen Hälfte und ebensoviele Sehnenfäden längs seiner ventralen Hälfte die äußerste Schicht der knöchernen Sehnenscheide bilden.

Einzelne der durch Mazeration an ihrem proximalen Ende freigewordenen Sehnenfäden, die bei einem über 300 mm langen Schwanz etwas hinter dessen Mitte (18. Schwanzwirbel) entsprungen waren, erreichten eine Länge bis zu 150 mm und endeten vorn neben dem dritten Schwanzwirbel; Sehnenfäden vom fünften Segelwirbel erreichten noch eine Länge von 100 mm. Stets sind solche freigewordenen Fäden ganz gerade; nie konnte ich an ihnen wellenförmige Biegungen wahrnehmen, wie sie H. v. Meyer annimmt.

Neben diesen fadenförmigen Sehnenfasern bilden band- oder plattenförmige Sehnenverknöcherungen den tiefer liegenden Teil der knöchernen Sehnenscheide. Und zwar sind es vier derartige Längsbänder, ein Paar dorsal und ein Paar ventral liegend, die ebenfalls anscheinend ununterbrochen und ungegliedert die eigentliche Wirbelsäule umgeben. Die Dicke der einzelnen Bänder entspricht etwa der der Fäden, ihre Breite bleibt nicht weit hinter der der Wirbelkörper zurück. Längs der Sagittallinie liegen die dorsalen wie die ventralen Längsbänder nicht weit entfernt von-

---

[1]) A. Wagner 1858, l. c.

 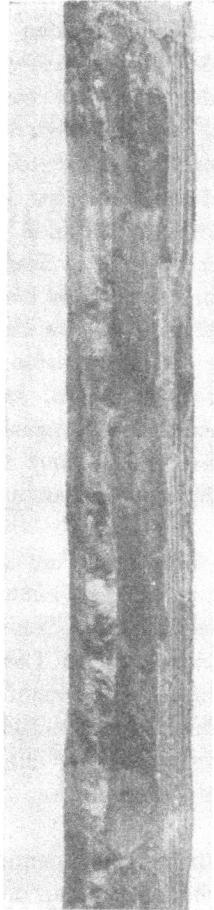 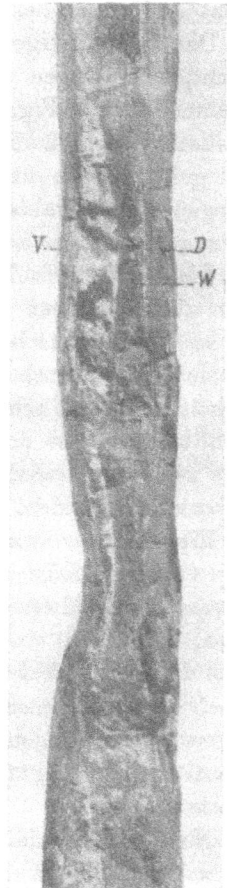

Fig. 2   Fig. 3   Fig. 4

Fig. 2. Mittlere Schwanzwirbel von *Rhamphorhynchus longicaudus* in ihrer Sehnenscheide.
Ansicht der linken Seite. H. v. Meyers Exemplar (Taf. 9, Fig. 5). × 4.

Fig. 3. Schwanzwirbel von *Rhamphorhynchus Gemmingi*, Münchener Exemplar. Ansicht der
linken Seite. 3. und 4. Wirbel vor dem Schwanzsegel. Wirbelkörper umgeben von
Sehnenfäden (rechts) und Sehnenbändern (links). × 4.

Fig. 4. Ebenso. Letzter Wirbel vor dem Segel und 1. Segelwirbel (mit eingedrückter Sehnenscheide). Dorsale (D) und ventrale (V) Sehnenbänder umgeben den Wirbelkörper
(W). × 4.

einander. Doch zwischen den dorsalen und ventralen Bändern ist
seitlich ein größerer Zwischenraum. Die ventralen Längsbänder
bleiben immer ziemlich weit entfernt von den Wirbelkörpern und
scheinen sie nur an deren verdickten Gelenkenden zu berühren,
wo sie sich nicht loslösen. Die dorsalen liegen aber in der Regel
dicht auf ihnen und verdecken bei seitlicher Lage gewöhnlich
einen großen Teil des Wirbels. Sie sind es vor allem, die es so
schwierig machen, die Gestalt der von ihnen bedeckten Wirbelkörper festzustellen, selbst wenn der äußere, aus Fäden bestehende
Teil der Sehnenscheide entfernt ist, da ihre Umrisse von denen
der Wirbelkörper oft kaum zu unterscheiden sind.

Diese Sehnenbänder entspringen jedenfalls auch von den Wirbelkörpern. Es ist mir aber nicht gelungen sicher festzustellen, an
welcher Stelle sie ihren Ursprung nehmen. Denn im Gegensatz zu
den Sehnenfäden lösten sich die Sehnenbänder auch bei Mazeration
nicht von den Wirbelkörpern, auch nicht mit ihrem vorderen Ende.

Nicht zu erklären vermag ich die an einem Exemplar der
Münchener Sammlung (Nr. 1885, *Rh. münsteri,* Leik'sche Sammlung) beobachtete Erscheinung, daß im vorderen Teil des Schwanzes
die dort vorhandenen ventralen Sehnenbänder in regelmäßigen Abständen sehr auffallende kurze Längsspalten aufweisen. Diese
Spalten finden sich jeweils neben den Gelenkstellen von fünf bis
sechs aufeinanderfolgenden Wirbeln.

An einem anderen Exemplar (Wagner's *Rh. curtimanus*) konnte
ich zwei dicht nebeneinander verlaufende Sehnenfäden beobachten,
die sich völlig von einem daneben liegenden Wirbel losgelöst
hatten und zweimal kurz nacheinander verschmolzen, um sich
gleich wieder zu trennen, sodaß zwischen den beiden Berührungs-
punkten eine kurze Spalte entstand.

Was nun das Verhältnis der Sehnenbänder zu den Sehnenfäden betrifft, so glaube ich aus einigen Beobachtungen, die ich
machte, den Schluß ziehen zu dürfen, daß die Sehnenbänder sich
an ihrem proximalen Ende in Sehnenfäden auflösen. Das beobachtete schon Plieninger 1894, p. 208[1]). Es scheint mir, daß
die verknöcherten Sehnen zuerst bandförmig entstehen und in dieser
Form·sich nach vorn über die Länge von einem oder mehreren

---

[1]) F. Plieninger 1894, *Campylognathus Zitteli,* Stuttgart.

Wirbeln erstrecken; daß dann aber ihr proximales Ende sich in
Fäden auflöst, die sich nachher noch dichotomisch verzweigen
können. So erklärt es sich auch, daß der innerste Teil der knöchernen Sehnenscheide aus bandförmigen, der äußere Teil aus
fadenförmigen Elementen besteht, und ferner erklärt sich so auch
die Beobachtung, daß an einigen Stellen mehrere Sehnenbänder
übereinander zu liegen scheinen. Es ist
überhaupt oft schwierig, Bänder und Fäden
zu unterscheiden, da an einer Bruchstelle
der Sehnenscheide mehrere übereinander
liegende Bänder das Aussehen von Fäden
annehmen.

Ich habe überhaupt nirgends isolierte
und von der Verbindung mit den Gelenkenden der Wirbel losgelöste Sehnenbänder
beobachten können. Diese befremdende Tatsache kann ich mir schließlich nicht anders
erklären als durch die Annahme, daß die
Sehnenbänder bei ihrer Trennung vom
Wirbelkörper in Sehnenfäden zerfallen. Es
erklärt das auch die Beobachtung, daß sich
mitunter ein vermeintliches Sehnenband bei
genauerem Zusehen als ein System dicht
aneinander gedrängter Sehnenfäden heraus-
stellt. Danach wären die Fäden nichts anderes als zerfallene Bänder.

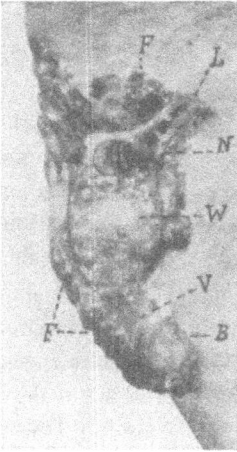

Fig. 5. Querbruch des 10.
Schwanzwirbels mit Teilen
der Sehnenscheide von *Rhamphorhynchus Gemmingi.* Größtenteils von Gestein umgeben
(rechts). B = Sehnenband,
F = Sehnenfäden, L = dorsale
Längsleiste mit pneumati-
schen Räumen, N = Neural-
kanal, V = ventraler Teil der
Sehnenscheide, W = Wirbelkörper. × 7.

Über die Form der langen schlanken
Wirbelkörper selbst vermochte ich erst
nach längeren Bemühungen sichere Resultate zu gewinnen. Sie sind fast regel-
mäßig bedeckt von den breiten dorsalen Sehnenbändern. Selbst
unter günstigen Umständen ist gewöhnlich nur das konkave Profil
ihres ventralen Randes deutlicher zu erkennen, selten das weniger
konkave dorsale Profil. Daß diese konkave Seite der Wirbelkörper
die ventrale ist, geht besonders aus der Beobachtung an einem
Exemplar von *Rh. longicaudus* (H. v. Meyer 1860, Taf. 9, Fig. 5)
hervor, bei dem auch der Rumpf ausnahmsweise ganz auf der

einen Seite liegt (Fig. 2). Bei dieser Art ist diese Konkavität an den Wirbelkörpern besonders stark ausgeprägt, was schon H. v. Meyer (1847[1]), p.18) auffiel. Die Exemplare von *Rhamphorhynchus* liegen sonst meist auf dem Rücken oder auf dem Bauch, ihr Schwanz dagegen liegt gewöhnlich ganz auf der Seite.

Die Wirbelkörper selbst sind seitlich komprimiert, die hintersten am stärksten, sodaß sie zuletzt ganz platt werden. Das zeigte sich sehr deutlich schon an dem zehnten Schwanzwirbel unseres Exemplars, von dem ein Querbruch kurz vor seinem vorderen Ende beobachtet werden konnte (Fig. 5). An dieser Stelle, wo die Verdickung der Gelenkenden der Wirbelkörper sich schon deutlich geltend macht, ist der Wirbel selbst etwa doppelt so hoch als breit. Der auf dem Querschnitt fast kreisförmige Neuralkanal ist erfüllt von einem drehrunden Strang aus kristallinischem Kalk, der stellenweise wie ein runder Glasstab in der aufgebrochenen Schwanzwirbelsäule sichtbar wird und selbst noch innerhalb des Schwanzsegels da und dort zum Vorschein kommt. Auf dem Querschnitt des Wirbels werden zu beiden Seiten des Neuralbogens kurze, seitlich schräg nach oben aufsteigende Fortsätze sichtbar, die die Querschnitte von Längsleisten an den Wirbeln darstellen, die im Inneren pneumatische Räume zeigen. An diesem Querbruch des zehnten Schwanzwirbels ist ventral vom Wirbelkörper noch eine etwas seitlich gedrückte Masse wahrzunehmen, die fast die Größe des Wirbelkörpers selbst erreicht und den von Kalkspatkristallen erfüllten ventralen Teil der Sehnenscheide darstellt. Die verknöcherten Sehnenfäden und -Bänder umhüllen den ganzen Wirbel noch von allen Seiten und sind durch den Gesteinsdruck nur etwas aus ihrer ursprünglichen Lage verschoben.

Die sonst flache Seitenfläche der Wirbel erscheint oft deutlich, manchmal sehr tief konkav infolge der dorsal gelegenen leistenartigen Erhebung, die jederseits längs des Neuralkanals verläuft und vor den verdickten Gelenkenden am stärksten wird. An einer Stelle schien es mir, als ob diese Seitenleiste nach vorn sich unmittelbar in ein dorsales Sehnenband fortsetzt.

---

[1]) H. v. Meyer 1847, *Homoeosaurus Maximiliani* und *Rhamphorhynchus longicaudus*. Frankfurt a. M.

Welche Bedeutung diese Feststellungen haben, wird weiter
unten bei der Besprechung des Schwanzsegels noch näher zu er-
örtern sein.

In Zusammenhang mit diesen Beobachtungen suchte ich auch
an den mir zugänglichen Exemplaren über die Zahl und vor
allem über die Größenverhältnisse der Schwanzwirbel von *Rhamphorhynchus Gemmingi* eine sichere Unterlage zu erhalten. Am
geeignetsten in dieser Beziehung erwies sich unter den Exemplaren
der Münchener Sammlung ein sehr schönes, bereits von Wagner
1858 (l. c., p. 49, Taf. 5, Fig. 1) beschriebenes und abgebildetes
Exemplar von *Rh. Gemmingi* (*longimanus* Wagner), dem nur das
allerletzte Schwanzende fehlt. Es ist sonst ein Exemplar, bei dem
der Schädel und die ganze Wirbelsäule sich in verhältnismäßig
ausgezeichnetem Zustand und in fast tadellosem Zusammenhang
findet. Dieses Exemplar wurde seiner vorzüglichen Erhaltung
wegen von dem ursprünglichen Besitzer Häberlein als „non
plus ultra" bezeichnet. Merkwürdigerweise fehlen ihm die Extremitäten vollständig. Ich gebe hier eine Zusammenstellung der
Längenmaße sämtlicher vorhandener Wirbel dieses Exemplars:

Schädel	. . . .	.	108 mm
1.—8.	Halswirbel	.	6, 9, 9, 10.5, 10.5, 12, 13, 10 mm
1.—2.	Rückenwirbel		8, 7 mm
3.—12.	„	„	je 6.5 mm
1.—2.	Lendenwirbel		6.5, 5.5 mm
1.—4.	Sakralwirbel		5, 5.5, 5.5, 5, 5 mm
1.—4.	Schwanzwirbel		6, 6.5, 6.5, 6.5 mm
5.—9.	„	„	8.5, 9, 9, 9, 9.5 mm
10.—14.	„	„	12.5, 12.5, 12.5, 12.5, 13 mm
15.—18.	„	„	13.5, 13.5, 13.5, 14.5 mm
19.—22.	„	„	12, 12, 12, 11 mm
23.—27.	„	„	11, 10, 9.5, 8.5, 7.5 mm
28.—32.	„	„	6,5, 6, 5, 4, 4 mm; die letzten Wirbel fehlen.

An dem von Wagner 1858, l. c., p. 62 beschriebenen Exemplar seines *Rh. longimanus* (Femur größer als 35 mm) fand ich
folgende Werte:

1.—5.? Schwanzwirbel zusammen 35 mm (undeutlich)
6.—9.   „   „   12.5, 12.5, 14, 14.5 mm
10.—14.   „   „   15, 15, 15, 14.5, 14.5 mm
15.—18.   „   „   14.5, 14.5, 14, 14 mm
19.—22.   „   „   13.5, 13.5, 13, 12 mm
23.—31.   „   „   11, 8, 8, 7, 6, 6, 6, 3.5, 3.5 mm
32.—38.?   „   „   zusammen 19 mm (undeutlich).

Bei einem anderen, von Wagner 1858, l. c., p. 69, beschriebenen und von ihm als *Rh. curtimanus* bezeichneten Exemplar (Humerus = 36 mm) erhielt ich folgende Werte:

8 präsakrale Wirbel . 38 mm
1.—4. Sakralwirbel   4, 4, 4, 4 mm
1.—4. Schwanzwirbel   6, 6.5, 6.5, 7.5 mm (unsicher)
5.—9. Schwanzwirbel   8, 10, 12, 12.5, 12.5 mm
10.—14.   „   „   13.5, 13.5, 14, 14, 13.5 mm
15.—18.   „   „   12.5, 12.5, 12.5, 12.5 mm
19.—24.   „   „   12, 12, 11, 10, 9.5, 9.5 mm
                      hier fehlen vielleicht drei Wirbel
28.—33.   „   „   6, 5.5, 5.5, 5.5, 4 mm
34.—40.   „   „   3.5, 3.5, 3, 2.5, 2.5, 2, 1.7 mm

An unserem hier beschriebenen Exemplar von *Rh. Gemmingi* mit Schwanzsegel (Femur = 36 mm) ergaben sich folgende Werte:

1.—4. Sakralwirbel   4.3, 4.3, 4.3, 4.8 mm
1.—4. Schwanzwirbel 6, 6, 7, 7.5 mm
5.—9.   „   „   9, 11, 11, 13, 14.5 mm
                     hier fehlen vielleicht elf Wirbel
21.—24. „   „   13, 12, 11, 11 mm
                     hier beginnt das Schwanzsegel
25.—33. „   „   10, 8.5, 7.5, 6.5, 6.2, 5.8, 5,
                     4.5, 4 mm
34.—40. „   „   4, 3.4, 3.2, 3.2, 3, 2.2, 1.8 mm.

An dem von Zittel 1882, l. c., p. 59 als *Rh. Gemmingi* beschriebenen und auf Taf. 12, Fig. 2 abgebildeten Exemplar (Fe-

mur = 35 mm), an dem sämtliche Wirbelgrenzen sehr deutlich
sind, fand ich folgende Werte:

4 präsakrale Wirbel[1])	6, 5, 5, 5 mm	
1.—4. Sakralwirbel	4.5, 4.5, 4.5, 4.5 mm	
1.—4. Schwanzwirbel	5.5, 5.5, 7, 8 mm	
5.—9. „ „	8.5, 9.5, 10, 12, 12 mm	
10.—14. „ „	12, 12, 12.5, 12.5, 12.5 mm	
15.—18. „ „	12, 12, 12, 12 mm	
19.—22. „ „	11.5, 11, 11, 11 mm	
	die weiteren Wirbel fehlen.	

Die Länge der ersten Schwanzwirbel beträgt durchgehends etwa
5.5—6.5 mm. Die doppelte Länge von etwa 12 mm wird vom 8.—10.
Wirbel an erreicht. Die größte Länge der Wirbel von 14 bis
höchstens 15 mm findet sich zuerst zwischen dem 9. und 18. Wirbel. Doch ist die Erreichung dieser Maximalzahl sehr verschieden
bei den einzelnen Exemplaren. Kleinere und jüngere Exemplare
wie das von Zittel und das von Kremmling haben diese Maximal-
länge noch nicht erreicht. Vom 15.—19. Wirbel ab geht die Länge
der Wirbel wieder zurück. Am 27.—28. Wirbel etwa ist die Länge
wieder auf die der ersten Schwanzwirbel (6 mm) zurückgegangen
und nimmt von da bis zum Schwanzende immer mehr ab. Die
letzten Schwanzwirbel sind kürzer als 2 mm.

Ich vermute, daß beim Längenwachstum des Schwanzes es
hauptsächlich die mittleren Schwanzwirbel sind, die sich daran
beteiligen, indem eine immer größere Anzahl von ihnen die Maxi-
mallänge von 14—15 mm erreicht. Die vordersten und hintersten
Wirbel scheinen weniger davon betroffen zu werden.

Bei keinem meiner Exemplare ist der Schwanz vollständig
genug erhalten, daß die Zahl der Wirbel mit voller Sicherheit

---

[1]) Hier zeigt auch der vorletzte präsakrale Wirbel eine Rippe, die in
Zittel's Abbildung fehlt, sodaß dieses Exemplar von *Rhamphorhynchus* nur
einen Lendenwirbel besitzt. Denn an diesem Exemplar läßt sich noch
mit großer Deutlichkeit erkennen, daß von der Grenznaht zwischen dem
2. und 3. dieser Wirbel vor dem Kreuzbein auf der rechten Körperseite eine
nicht sehr lange, aber wohlentwickelte Rippe ihren Ursprung nimmt. Es
lassen sich hier auch sehr gut lange Rippen mit ihrem gezackten distalen
Endteil und einige Reste von Bauchrippen unterscheiden.

festgestellt werden könnte. Doch dürften ca. 40 Schwanzwirbel angenommen werden. Kremmling[1]) gibt bei seinem *Rh. Gemmingi* 41 an. Aber ich bin überzeugt, daß diese Zahl individuell etwas schwankt und keineswegs ganz konstant ist. Abgesehen davon glaube ich auch, daß die als *Rh. Gemmingi* bezeichneten Exemplare nicht alle dieser Art zugehören, daß sie aber bisher noch nicht sicher spezifisch getrennt werden können. Manche Unstimmigkeiten in den Angaben der verschiedenen Autoren, besonders bezüglich der Größenverhältnisse, dürften darin ihre Erklärung finden. Immerhin scheint, wie aus Wiman's[2]) interessanten Kurven (1925, p. 8) hervorgeht, die größere Anzahl der bekannten Exemplare trotz ihrer verschiedenen Größe eine einzige Art zu bilden. Doch finden sich tatsächlich auch Unterschiede in der Gestalt von einzelnen Knochen. So machte v. Stromer[3]) 1913, p. 55 auf einen dreieckigen spitzen Fortsatz am proximalen Humerusgelenk aufmerksam, der am Zittel'schen Flügel sehr deutlich zu erkennen ist, der aber an anderen Exemplaren von *Rh. Gemmingi* ganz fehlt, während er bei *Rh. longicaudus* deutlich vorhanden ist.

Einstweilen dürfte es daher zwecklos sein, über die Bedeutung der verschiedenen Längenverhältnisse an den Schwanzwirbeln, die ja z. T. sehr auffallend sind, Vermutungen zu äußern, ehe die Artfrage nicht gelöst ist. Auf jeden Fall aber muß auch hier mit größeren individuellen Schwankungen gerechnet werden, wie das ja auch bei den Längenverhältnissen der Flugfingerphalangen der Fall zu sein scheint.

Das Schwanzsegel.

Das Bruchstück Nr. 4 mit seiner Gegenplatte ist aus dem Grund noch von ganz besonders großem Interesse, weil es in tadellosem Zustande auch noch das Ende der Flughaut sowie das

---

[1]) W. Kremmling, 1912, Beitrag zur Kenntnis von *Ramphorhynchus Gemmingi* H. v. Meyer. Abh. Kaiserl. Leop. Carol. D. Akad. d. Naturf., Bd. 96, Nr. 3.

[2]) C. Wiman, 1925, Über *Pterodactylus Westmani* und andere Flugsaurier. Bull. of. the Geol. Inst. of Upsala, Vol. 20.

[3]) E. Stromer, 1913, Rekonstruktionen des Flugsauriers *Ramphorhynchus Gemmingi* H. v. M. Neues Jahrb. f. Mineral., Geol. u. Pal., Jahrg. 1913, Bd. 2.

vollständige Schwanzsegel zeigt. Die Gegenplatte enthält zwar nur
den Abdruck der Oberfläche beider Teile, aber vor allem das
Schwanzsegel ist darauf in ganz besonders schöner Ausbildung

Fig. 6. Schwanzsegel von *Rhamphorhynchus Gemmingi*, Münchener Exemplar.
Gegenplatte mit rekonstruierten Wirbeln und Apophysen. $\times$ 1.4.

erhalten. Die Hauptplatte zeigt aber nicht den Abdruck, sondern
die Substanz dieser Weichteile selbst sowohl bei der Flughaut wie
bei dem Schwanzsegel in Form einer Schicht von einer durch-
schnittlichen Dicke von 1 mm. Diese äußerst feinkörnige und sehr
harte besondere Kalkschicht liegt zwischen der Haupt- und Gegenplatte und ist auf der Hauptplatte haften geblieben. Sie

ist nur an der äußersten Flughautspitze und von etwa dem 4. Teil des Schwanzsegels abgesprungen. Während aber auf der Gegenplatte ein vorzüglicher Abdruck der Oberfläche sowohl der Flughaut wie des Schwanzsegels sich findet, hat da, wo die Schicht auf der Hauptplatte sich abgelöst hat, sich keine Spur eines solchen Abdruckes von der anderen Seite des Segels erhalten. Während die Oberfläche der vorhandenen Schicht auf der Hauptplatte wie deren Abdruck auf der Gegenplatte sich durch ganz auffallende Glätte auszeichnet, zeigt die Hauptplatte da, wo diese Schicht abgesprungen ist, die gleiche rauhe Beschaffenheit wie der übrige von den Resten des Sauriers nicht in Anspruch genommene Teil der Platte, sodaß kaum zu erkennen ist, daß auf dieser Stelle etwas besonderes lag. Dieses verschiedene Verhalten von Platte und Gegenplatte gegenüber den Weichteilen ist etwas sehr auffallendes.

Das Schwanzsegel (Tafel 2 und Fig. 6), das eine annähernd rhombische Form mit ganz schwach konvexen Seiten und auf beiden Seiten abgerundete Ecken zeigt, besitzt eine Länge von 80 mm und eine größte Breite von 46 mm. Die größte Breite befindet sich am Beginn des letzten Drittels der Länge. Durch die ganz gerade Wirbelsäule wird das Schwanzsegel in zwei fast völlig symmetrische Hälften geteilt.

Auf der einen Seite (Gegenplatte links) scheint das Schwanzsegel am vorderen Ende des 1. an ihm beteiligten Wirbels zu beginnen, auf der anderen Seite erst am Vorderende des 2. Wirbels. Das Vorderende des ganzen Segels erscheint spitzwinklig, das hintere Ende ungefähr rechtwinklig.

Die Zahl der am Schwanzsegel beteiligten Wirbel läßt sich nach ihren vorhandenen Resten selbst nur schwer mit voller Sicherheit feststellen, aber leichter nach der Zahl ihrer das Segel stützenden Fortsätze. Diese Fortsätze scheinen paarweise an jedem Wirbel aufzutreten, sind aber äußerst zart und nur stellenweise deutlich zu erkennen. Sie heben sich nur als schwache Eindrücke auf der Oberfläche des Segels ab. Sie sind offenbar nicht verkalkt gewesen ganz im Gegensatz zu den Wirbelkörpern selbst und den verknöcherten Sehnen, die die Wirbelsäule fast vollständig umgeben; diese waren kräftig verkalkt. Mit Sicherheit festzustellen sind danach 16 Wirbel innerhalb des Schwanzsegels. Doch ist es nicht sicher, ob nicht hinter dem letzten Wirbel, der noch

2*

deutlich zu erkennen ist, doch noch ein winziger Endwirbel in
der Gesteinsmasse verborgen ist. Es ist daher auch nicht ˙sicher,
ob die Wirbelsäule noch etwas über das Ende des Segels sich
fortsetzt; doch ist das unwahrscheinlich.

Die Länge des 1. am Schwanzsegel beteiligten Wirbels beträgt 10 mm. Diese Länge verringert sich allmählich nach hinten,
sodaß der vorletzte erkennbare Wirbel nur noch 2.2 mm lang ist.
Die Breite des von der Wirbelsäule im vordersten Teil des Segels
eingenommenen Raumes beträgt 3.5 mm und verringert sich ebenfalls allmählich bis auf 2 mm am letzten Wirbel.

Über die Gestalt der Wirbelkörper des Schwanzsegels ließ
sich nur mit Schwierigkeit etwas genaues feststellen. Sie sind
z. T. weggebrochen, z. T. durch Kristallisation undeutlich geworden,
z. T. sind ihre Formen verdeckt durch die stark verknöcherten
Sehnen, die, wie in der ganzen Schwanzwirbelsäule, so auch in
dem Teil, der das Schwanzsegel trägt, eine hervorragende Rolle
spielen und die Wirbelkörper bis zum letzten wie eine Scheide
umgeben. Es ist eine förmliche feste Röhre, in denen die eigentlichen Wirbelkörper liegen, die nur da, wo die Sehnenumhüllung
verletzt ist, teilweise zur Beobachtung kommen können. Nur der
1. Wirbelkörper des Schwanzsegels ist seiner ganzen Länge nach
deutlich zu erkennen, sodaß sich sein Vorder- und Hinterende
sicher feststellen läßt. Sonst lassen sich nur an einigen Stellen
die Grenzen zwischen zwei aufeinander folgenden Wirbelkörpern
mit voller Sicherheit erkennen. So viel steht aber fest, daß die
Wirbelkörper verhältnismäßig schlank sind, ihr Vorder- und Hinterende aber ziemlich stark verbreitert ist. Sie füllen den nur scheinbar von der Wirbelsäule selbst eingenommenen Kanal innerhalb
des Segels kaum zur Hälfte aus. Seine Grenze wird vielmehr durch
die verknöcherten Sehnen bestimmt, die die Wirbelkörper umgeben.
In diesem Kanal liegen die Wirbelkörper selbst fast ganz auf die
rechte Seite (Gegenplatte) beschränkt. Auf keinen Fall liegen sie
symmetrisch in der Mitte des Kanals, und ihre auf der Gegenplatte nach links gerichtete Seite ist stärker konkav als die andere.

Während die Wirbelkörper und die sie begleitenden Sehnen
kräftig verkalkt waren, sind die von ihnen ausgehenden stabförmigen Fortsätze offenbar völlig unverkalkt. Marsh 1882, l. c.,
p. 253 bezeichnet sie als „knorpelig und biegsam, aber kräftig

genug gebaut, um die Membran des Segels aufrecht zu erhalten". An unserem Exemplar sind sie nur durch zarte Wülste und Furchen auf der sonst fast ganz ebenen und glatten Oberfläche des Segels angedeutet, und ihre Substanz ist kaum durch die Färbung von ihrer Umgebung unterschieden. Trotzdem bin ich überzeugt, daß es sich nicht nur um oberflächliche Hautversteifungen, sondern tatsächlich um rückgebildete, nicht mehr verkalkte Apophysen der Wirbel handelt.

Die genaue Ansatzstelle der Fortsätze an den Wirbelkörpern ist bei unserem Exemplar nirgends mit voller Sicherheit festzustellen. Sie findet sich auf der linken Seite (Gegenplatte) etwa an der Grenze von je zwei aufeinanderfolgenden Wirbeln. Ob sie aber an dem vorderen oder an dem hinteren Wirbel befestigt sind, ist ganz zweifelhaft. Auf der rechten Seite treffen sie mehr auf die Mitte der Wirbel, rücken aber auf der hinteren Hälfte des Segels immer näher an das Vorderende der Wirbel, sodaß sie zuletzt denen der anderen Seite fast genau gegenüber stehen.

Diese beiden an jedem Wirbel auftretenden Fortsätze erstrekken sich vom Wirbelkörper bis zum äußersten Rand der Segelhaut, als deren Stützen sie dienen. Es sind schlanke Spangen, auf beiden Seiten der Wirbelsäule ganz ähnlich entwickelt, die vorderen anscheinend der Länge nach schwach gefurcht, wenigstens in ihrer proximalen Hälfte (vielleicht nur die der rechten Seite). Die hinteren sind fast gerade und stehen fast senkrecht zur Wirbelsäule. Je weiter nach vorn, um so spitzer wird der Winkel, den sie mit der Wirbelsäule bilden. Der vorderste, der links deutlich zu erkennen ist, verläuft in gerader Richtung nach vorn vom Rande des Segels aus unter spitzem Winkel bis zur Grenze zwischen 2. und 3. Wirbel. Die folgenden sieben Fortsätze jederseits bilden etwas geschwungene Stäbe, die in ihrem proximalen Teil eine nach vorn gerichtete, nahe dem Außenrande aber eine nach hinten gerichtete schwache Konkavität zeigen, die etwa beim 7. Wirbel am stärksten auftritt.

Im vorderen Teil des Segels sind der verschiedenen Länge der Wirbel entsprechend die Fortsätze viel weiter voneinander entfernt als im hinteren Teil, wo sie nahe aneinander gerückt sind. Man bemerkt auf der photographischen Aufnahme des Segels zu beiden Seiten der Wirbelsäule eine breite etwas hellere Zone, unter der der proximale Teil der Fortsätze meist ganz verschwindet. Vermutlich entspricht diese Zone einer fast selbstverständlichen Verdickung der Segelmembran längs der Wirbelsäule, wodurch es sich auch erklärt, daß hier die zarten Fortsätze undeutlich werden.

Vergleich mit dem Yale-Exemplar.

Durch die Liebenswürdigkeit von Herrn Professor Lull in New-Haven, Conn. kam ich in den Besitz einiger sehr guter Photographien des einzigen bisher genauer abgebildeten Schwanzsegels eines *Rhamphorhynchus*, das zu dem von Marsh beschriebenen, im Peabody-Museum der Yale-University (Nr. 1778) befindlichen Exemplar von *Rh. phyllurus* Marsh gehört. Für die Herstellung und Zusendung bin ich Herrn Prof. Lull und Herrn G. G. Simpson zu großem Dank verpflichtet. Es ist mir dadurch ein Vergleich des Schwanzsegels der beiden Exemplare ermöglicht.

Dabei erhält man zunächst den Eindruck, daß trotz vielfacher Übereinstimmung immerhin nicht unbeträchtliche Unterschiede zwischen beiden vorhanden sind. Zunächst ist das Yale-Exemplar beträchtlich kleiner. Und was die allgemeine Gestalt und die Umrisse anbelangt, so erscheint das Schwanzsegel bei dem Yale-Exemplar schlanker als bei unserem Münchner Exemplar. Es ist ziemlich genau doppelt so lang als breit, 58:28 mm, während es bei dem M. Ex. nicht unbedeutend breiter ist, 80:46 mm. Während ferner die Seiten des rhombischen Segels bei dem M. Ex. schwach konvex sind, sind sie bei dem Y. Ex. eher etwas konkav. Dazu kommt, daß das hintere Ende, das bei dem M. Ex. mindestens einen rechten Winkel bildet, beim Y. Ex. einen spitzen Winkel darstellt. Die größte Breite des Segels entspricht bei dem Y. Ex. rechts dem 7., links dem 8. Fortsatz, bei dem M. Ex. rechts dem 8., links dem 9. Fortsatz.

Dabei ist es auffallend, daß das Schwanzsegel beim M. Ex. fast ganz symmetrisch erscheint und die Hälften zu beiden Seiten der Wirbelsäule fast genau gleich breit sind. Dagegen ist die rechte Hälfte bei dem Y. Ex. wesentlich schmäler als die linke, sodaß es dadurch auffallend unsymmetrisch wird. Würde bei dem Y. Ex. die rechte Hälfte ebenso breit sein wie die linke, dann würde auch das Verhältnis der Länge zur Breite dem des M. Ex.

fast entsprechen und ferner das hintere Ende einen ungefähr rechten Winkel bilden wie bei dem M. Ex. Das erweckt den Verdacht, daß die überraschend scharfen Umrisse, die das Schwanzsegel des Y. Ex. auf den Photographien zeigt, vielleicht doch nicht ganz natürlich, sondern künstlich hervorgehoben sind. Eine genauere Untersuchung

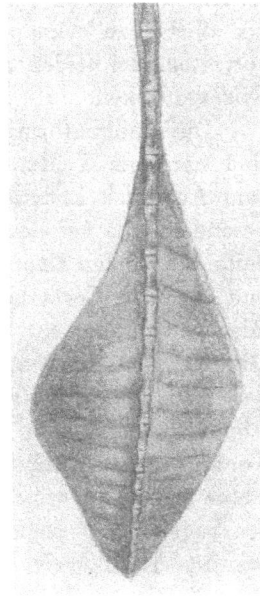

Fig. 7   Fig. 8

Fig. 7. Schwanzsegel von *Rhamphorhynchus phyllurus* Marsh, Yale- Exemplar. Nach einer Photographie. × 2.

Fig. 8. Schwanzsegel von *Rhamphorhynchus phyllurus* Marsh. Nach Marsh's Abbildung. Nat. Gr.

des Originals müßte darüber Aufschluß geben, ob diese Unterschiede von dem M. Ex. in Wirklichkeit bestehen. Vielleicht aber erklären sich die Unterschiede daraus, daß bei dem M. Ex. alle Teile des Segels völlig in der gleichen Ebene liegen, was bei dem Y. Ex. jedenfalls nicht der Fall ist, ein Umstand, der auch nach

Mitteilung von Herrn Simpson bei Herstellung der Photographien erhebliche Schwierigkeiten machte. Der rechte Rand des Y. Ex. ist vielleicht umgebogen und erscheint daher, auf der Photographie verkürzt.

Die Wirbelsäule innerhalb des Schwanzsegels scheint bei dem Y. Ex. durchaus dem zu entsprechen, was sich bei dem Münchner Exemplar feststellen ließ. Vor allem scheint die Zahl der Wirbel (16) und deren Längenverhältnisse durchaus die gleiche zu sein bei beiden Exemplaren. Streckenweise sind bei dem Y. Ex. die einzelnen Wirbel viel deutlicher zu unterscheiden als bei dem M. Ex. Sehr schön sind bei dem Y. Ex. die verknöcherten Sehnen der Wirbel zu erkennen, die bei dem M. Ex. weniger scharf hervortreten, bei beiden aber die eigentlichen Wirbelkörper größtenteils verdecken.

Die spangenförmigen Fortsätze, die das Schwanzsegel stützen, sind bei dem Y. Ex., soweit sie auf der Photographie deutlich zum Ausdruck kommen, sehr ähnlich dem M. Ex. Das zeigt sich besonders gut bei dem ersten der Fortsätze, die auf der rechten Seite bei beiden Exemplaren in voller Deutlichkeit erhalten sind, und die den Fortsätzen des 4. Schwanzsegelwirbels entsprechen. Hier ist vollkommene Übereinstimmung vorhanden. Auch die Fortsätze an der breitesten Stelle des Segels sind auf der rechten Seite bei beiden Exemplaren gleich deutlich und völlig übereinstimmend, nur fehlt bei dem Y. Ex. die nach hinten gerichtete Konkavität des äußersten Randteiles dieser Fortsätze, was für meine Annahme spricht, daß auf der Photographie der Randteil des Segels nicht zum Ausdruck gekommen ist. Leider ist auch bei dem Y. Ex. nicht mit voller Sicherheit zu erkennen, von welcher Stelle der Wirbelkörper die Fortsätze ausgehen. Im allgemeinen sind die Fortsätze bei dem Y. Ex. dünner, mehr gerade und weniger geschwungen als bei dem M. Ex. Am hintersten Ende des Schwanzsegels erhält man bei dem Y. Ex. den Eindruck, daß die Fortsätze nicht senkrecht zur Wirbelsäule stehen wie bei dem M. Ex., sondern etwas nach vorn gerichtet sind. Endlich sieht es so aus, als ob die Fortsätze der rechten Seite in ihrer proximalen Hälfte gegabelt sind bei dem Y. Ex., während sie hier bei dem M. E. nur gefurcht erscheinen. Sowohl Neurapophysen wie Hämapophysen können ja an ihrer Basis gegabelt sein.

Stellung des Schwanzsegels.

Nun aber erhebt sich die Frage, ob diese beiden Exemplare von *Rhamphorhynchus* mit wohlerhaltenem Schwanzsegel es gestatten zu entscheiden, ob das Schwanzsegel ein vertikales oder ein horizontales gewesen ist, d. h., ob die spangenförmigen Fortsätze, die das Segel stützen, als Neurapophysen und Haemapophysen (bzw. Hypapophysen) anzusehen sind, oder ob es Pleurapophysen, also seitliche Fortsätze irgend einer Art sind.

Die Hoffnung, das an dem vorliegenden, noch nicht beschriebenen Münchner Exemplar von *Rhamphorhynchus* vielleicht sicher feststellen zu können, war für mich ja die eigentliche Veranlassung, dies interessante Stück zur genaueren Untersuchung vorzunehmen. Bekanntlich hat Marsh, der das Schwanzsegel von *Rhamphorhynchus* zum erstenmal beschrieb, es als vertikal stehendes Steuer betrachtet, eine Ansicht, die heute noch vielfach geteilt wird und neuerdings von Reck[1]) wieder bestätigt wird. Marsh stützte diese seine Ansicht auf seine Beobachtung, daß die Fortsätze auf der einen Seite von der Mitte der Wirbel ausgehen und daher offenbar als Neurapophysen zu betrachten sind, während die Fortsätze der anderen Seite nahe der Grenze zwischen je zwei Wirbeln entspringen und daher Haemapophysen sind (chevron bones). Auch Herr Simpson, der die Photographien anfertigte, bekennt sich aufs entschiedenste zu dieser Ansicht. Von anderer Seite wird jedoch theoretisch geltend gemacht, daß dies Schwanzsegel nur ein Höhensteuer sein kann und deshalb eine horizontale Stellung haben mußte. Auf Grund dieser Anschauung konstruierte v. Stromer[2]) u. [3]) sein bewundernswertes Modell eines *Rhamphorhynchus* mit horizontalem Steuer. Wirklich einwandfreie Beweise für oder gegen die eine oder andere Meinung sind aber bisher noch nicht gebracht worden.

Fliegende Tiere brauchen eine Steuereinrichtung sowohl für Auf- und Abwärtsbewegung wie für Rechts- und Linksbewegung,

---

[1]) H. Reck, 1926, Diskussion bei der Versammlung der Palaeont. Gesellsch. in Wien 1923. Palaeont. Zeitschr., Vol. 7. p. 21.

[2]) E. Stromer, Bemerkungen zur Rekonstruktion eines Flugsaurier-Skelettes, Monatsber. D. geol. Ges. Bd. 62, Jahrg. 1910, p. 85—91, Taf.

[3]) E. Stromer, Rekonstruktion des Flugsauriers *Rhamphorhynchus Gemmingi* H. v. M. N. Jahrb. f. Min., Geol. u. Pal., Jahrg. 1913, Bd. 2, p. 49—68, Taf. 3—5.

ein Höhensteuer so nötig wie ein Seitensteuer. Nachdem *Rham-phorhynchus* am Ende seines sehr langen, durch verknöcherte Sehnen versteiften Schwanzes ein Steuer besitzt, war das jeden-falls sowohl als Höhen- wie als Seitensteuer zu benutzen. Zwischen diesem Endsteuer und dem Rumpf befand sich ein langer Schwanz-teil, der aus etwa 24 Wirbeln bestand. Von diesen sind die ersten 5—6 von kräftigen Muskeln umgeben und besitzen wie die ent-sprechenden ersten 4—6 Schwanzwirbel der Vögel eine nicht un-beträchtliche Beweglichkeit gegen einander. Auch die folgenden ca. 18 Schwanzwirbel, obwohl von einer förmlichen Scheide ver-knöcherter Sehnen umgeben und dadurch versteift, sind nicht mit einander verwachsen und behalten immerhin noch eine gewisse Beweglichkeit. Befindet sich nun das Steuer am Schwanzende in vertikaler Stellung, so genügt eine Drehung von 90°, um es in horizontale Lage zu bringen und ebenso umgekehrt. Diese Leistung verteilt sich auf etwa 24 Wirbel. Besaß nun *Rhamphorhynchus* ein vertikales Seitensteuer, so wird er es mit Sicherheit auch als Höhensteuer benutzt haben. Besaß er aber ein horizontales Höhen-steuer, so wird es von ihm auch als Seitensteuer gebraucht worden sein, wie das beim horizontalen Schwanzsteuer der Vögel auch geschieht, die dazu nur 4—6 bewegliche Schwanzwirbel benützen. Die Steuerung geschieht ja ohnedies bei beiden in erheblichem Maße mit den Flügeln.

Die Frage nach der Stellung des Schwanzsegels muß demnach lauten: Besaß *Rhamphorhynchus* in seinem Schwanzsegel ein ver-tikales Seitensteuer, das auch als horizontales Höhensteuer zu benutzen war, oder war es ein horizontales Höhensteuer, das er auch als vertikales Seitensteuer benutzen konnte?

Abplattung des Schwanzes bei Wirbeltieren.

Aus dem Vergleich mit anderen Wirbeltieren läßt sich diese Frage, selbst nur mit einiger Wahrscheinlichkeit, zunächst nicht be-antworten. Doch ist es immerhin von Interesse, die entsprechenden Fälle, wenn auch nur in aller Kürze, zu überblicken. Es sind bei den Wirbeltieren die beiden Möglichkeiten einer Abplattung des Schwanzes zu beobachten, die aber nur in extremen Fällen zu einer stärkeren Verbreiterung des Schwanzendes und zur Ausbildung einer endständigen Schwanzflosse geführt haben. Eine Abplattung des Schwanzes, die ausschließlich oder hauptsächlich nur das Schwanzende betrifft und damit dem Schwanz den Charakter eines Steuerorgans verleiht, läßt sich in allen Klassen der Wirbeltiere beobachten. Sie ist aber, wenn wir von den Schuppentieren, den Manidae absehen, ganz auf schwimmende, kletternde (zugleich Springer) und fliegende Formen beschränkt. Die Abplattung ist bald in vertikalem, bald in horizontalem Sinn eingetreten. Hauptsächlich sind es Hautfalten und Hautbildungen (Haare und Federn), die die Abplattung hervorbringen; die Wirbelsäule nimmt vielfach gar nicht daran Teil.

Wenn eine Abplattung des Schwanzendes eintritt, so erfolgt sie bei den wasserlebenden Fischen, Amphibien und Reptilien ausschließlich in vertikalem Sinn. Bei Vögeln ist sie stets horizontal. Von wasserlebenden Säugetieren besitzen *Ornithorhynchus*, *Castor*, die *Cetaceen* und *Sirenen* horizontal abgeplattete, dagegen die *Insectivoren Potamogale*, *Limnogale*, *Neomys*, *Myogale*, ferner *Fiber* vertikal abgeplattete Schwänze. Bei den meisten wasserlebenden Säugetieren dienen aber die abgeplatteten Schwänze wesentlich der Lokomotion als Propeller und keineswegs in erster Linie zur Steuerung.

Bei Landwirbeltieren sind dagegen abgeplattete Schwänze stets horizontal, so bei den *Geckonidae* (vergl. Wiman[1]), p. 27), *Muscardinus*, *Sciuropterus*, *Ptilocercus*, *Acrobates*, dienen aber bei den kletternden Formen wohl hauptsächlich zur Verbreiterung der Gleitfläche beim Springen und Fallen, nur nebensächlich zur Steuerung. Allein bei den fliegenden Vögeln ist der horizontal abgeplattete Schwanz in erster Linie ein Steuerorgan. Es gibt zwar Landwirbeltiere mit vertikal abgeplattetem Schwanz wie *Lophura amboinensis*, *Chamaeleo montium* und *cristatus*, doch ist das nur die Fortsetzung eines vertikal ausgebildeten Rückenkammes, der auf den proximalen Teil des Schwanzes übergreift, während das Schwanzende nicht abgeplattet ist. Bei allen anderen ist es aber gerade das Schwanzende, das die Abplattung am ausgesprochensten zeigt.

---

[1]) C. Wiman, Über *Dorygnathus* und andere Flugsaurier. Bull. of the Geol. Instit. of Upsala, Vol. 19, p. 23—54, Taf. 1—2.

Nur bei wenigen ganz bestimmten Tiergruppen ist das
Schwanzende nicht nur abgeplattet, sondern zeigt eine auffallende
Verbreiterung in Form einer Schwanzflosse. Das kommt aber
sonst nur bei ausgesprochenen Wassertieren vor, den Fischen,
Ichthyosauriern, Cetaceen und Sirenen. Als einziges „Landtier"
besaß nun auch *Rhamphorhynchus* diese Verbreiterung des Schwanzendes als Schwanzsegel!   •

Es ist sehr bemerkenswert, daß nur schwimmende Wirbeltiere es sind, bei denen die Wirbelkörper und ihre Apophysen
von der Abplattung des Schwanzendes stärker beeinflußt werden,
indem sie in gleichem Sinn abgeplattet sind, während ihre Apophysen sich entsprechend verlängern. Das ist in ganz besonderem
Maße bei den Fischen der Fall, bei denen das Ende der Wirbelsäule, bzw. ihre Apophysen in so innige Verbindung mit den
Hautgebilden der Schwanzflosse treten, daß deren starre Teile,
die als Flossenträger dienen und die Schwanzflosse bis zu ihrem
äußersten Rand durchziehen, Anhänge der Wirbelsäule selbst
wenigstens zu sein scheinen.

Solch innigen Anteil an der Bildung des abgeplatteten
Schwanzendes nimmt die Wirbelsäule bei keinem luftatmenden
Wirbeltier mehr. Im Gegenteil gerade bei den mit stark ver-
breiterter endständiger Schwanzflosse versehenen Ichthyosauriern, Cetaceen und Sirenen nehmen die Wirbelkörper am
Schwanzende nur in ganz unbedeutendem Maße an der Abplattung
teil, ihre Apophysen aber überhaupt nicht und zeigen auffallender
Weise auch keine Spur einer Verlängerung. Wo aber bei Wassertieren eine stark verbreiterte Endflosse nicht zur Ausbildung
kommt, zeigen die Wirbelkörper am abgeplatteten Schwanzende
eine gleichsinnige Abplattung und die Apophysen eine mehr oder
weniger große Verlängerung. Doch geht diese nirgends so weit,
daß die Apophysen auch nur annähernd die Ränder des abgeplatteten Schwanzteiles erreichen (Urodeli, Mosasauria, *Hydro-
phidae*, Crocodilia, *Ornithorhynchus*, *Potamogale*, *Limnogale*,
Myogale, *Fiber*, *Castor*.) Bei der Ausbildung der horizontal abgeplatteten Schwänze von Landwirbeltieren spielen Apophysen der
Schwanzwirbel überhaupt keine Rolle.

Nun sind aber bei *Rhamphorhynchus* gerade die Apophysen
der Wirbel außerordentlich verlängert im Bereich des Schwanz-

segels, da sie bis zu dessen äußerstem Rand sichtbar sind, wenn sie auch von großer Zartheit und in offenbar unverkalktem und rückgebildetem Zustand sind. Diese Entwicklung von langen Apophysen im stark verbreiterten Schwanzende, überhaupt die Entwicklung eines von Skeletteilen gestützten Schwanzsegels bei einem Landtier ist aber etwas geradezu unerhörtes, sodaß man ernstlich fragen kann: Ist *Rhamphorhynchus* wirklich als ein Landbewohner anzusehen und nicht vielmehr in hervorragendem Maße als ein Wasserbewohner? Ist sein Schwanzsegel nicht ein Steuer, das mehr beim Schwimmen im Wasser als beim Fliegen in der Luft nötig ist? Sein Gebiß, die Längenverhältnisse seiner hinteren Extremitäten und Stellung seiner Metatarsalia (D ö d e r l e i n [1]) 1923, p. 148), der Nachweis von Schwimmhäuten daran (B r o i l i [2]) 1927 trotz der Ablehnung von Schwimmhäuten durch W i m a n [3]) 1928, p. 365) sprechen auch für ein Tier, das sich hauptsächlich im Wasser aufhielt und hier den langen steifen Schwanz mit dem Steuerapparat am Ende zu benutzen in der Lage war. Im Wasser aber ist eine vertikale Schwanzflosse ebenso vorteilhaft zu gebrauchen wie eine horizontale. Die Cetaceen sind sicher ebenso gute Schwimmer und Taucher mit ihrer horizontalen Schwanzflosse, wie es die Fische und Ichthyosaurier mit ihrer vertikalen Schwanzflosse sind und waren.

Auf jeden Fall stellt das Schwanzsegel des *Rhamphorhynchus* ein unter Landwirbeltieren einzig dastehendes Organ vor, zu dessen Deutung und Homologisierung die übrigen uns bekannten Wirbeltiere keinerlei zuverlässige Fingerzeige geben.

Aus der vermuteten Funktion des Schwanzsegels von *Rhamphorhynchus* läßt sich ebensowenig wie aus dem Vergleich mit anderen Wirbeltieren etwas entnehmen, was entscheidend für die Annahme einer vertikalen oder einer horizontalen Stellung des

---

[1]) L. D ö d e r l e i n, *Anurognathus Ammoni,* ein neuer Flugsaurier. Sitzber. d. Bayer. Ak. d. Wiss. Jahrg. 1923, p. 117—164.

[2]) F. B r o i l i, Ein Exemplar von *Rhamphorhynchus* mit Resten von Schwimmhäuten. Sitzber. d. Bayer. Ak. d. Wiss., Jahrg. 1927, p. 29—48, Taf. 1—3, 7, Fig. 2.

[3]) C. W i m a n, Einige Beobachtungen an Flugsauriern. Palaeobiologica. Bd. 1, p. 363—370.

Schwanzsegels spricht. Aufschluß darüber kann nur die genaue
Untersuchung des Schwanzsegels selbst bringen.

Der Zustand, in dem bei dem Münchner Exemplar das
Schwanzsegel vorliegt, ist nicht derartig, daß die Art der Ver-
bindung der Apophysen mit den Wirbelkörpern auch nur mit
einiger Sicherheit festgestellt werden könnte. Man kann eben
nur an einigen Wirbeln ohne jeden Zweifel beurteilen, an welcher
Stelle auf der einen oder anderen Seite eine Apophyse den
Wirbelkörper trifft. Mehr ist auch an den Photographien des
Yale-Exemplars, die mir zur Verfügung stehen, nicht zu ersehen.

Symmetrie des Schwanzsegels.

Eine Lösung der Frage wäre zu erwarten, wenn sich mit
Sicherheit beantworten läßt, ob eine vollständige Symmetrie
zwischen den beiden Hälften des Schwanzsegels in allen seinen
Teilen vorliegt oder nicht. Im ersteren Fall dürfte es sich sehr
wahrscheinlich um ein horizontales Schwanzsegel handeln. Sind
aber die beiden Hälften zweifellos nicht symmetrisch, dann ist es
sehr wahrscheinlich ein vertikales Segel. Zu dieser Frage läßt
sich folgendes feststellen:

1. Bei dem Yale-Exemplar sind die beiden Hälften des
Schwanzsegels sehr verschieden an Breite. Wie ich aber oben schon
ausgeführt habe, sind vielleicht die Umrisse der schmäleren Hälfte
des Schwanzsegels nicht ganz natürliche. Bei dem Münchener
Exemplar sind beide Hälften gleich breit, und ich glaube annehmen zu dürfen, daß die hier erkennbaren Umrisse ziemlich
genau den natürlichen entsprechen. Auch liegt das ganze Segel
selbst so tadellos in einer Ebene ausgebreitet, daß zu vermuten
ist, daß bei diesem Exemplar eine Verschiebung der einzelnen
Teile gegen einander nicht stattgefunden hat.

Doch fand ich die breiteste Stelle bei dem Münchner Exemplar auf der rechten Seite des Segels da, wo die Apophyse des
8. Segelwirbels den Rand erreicht, während sie auf der linken
Seite am Ende der 9. Apophyse zu liegen scheint. Diese Assymme-
trie erscheint ja sehr belanglos. Sie erhält aber doch eine gewisse
Bedeutung dadurch, daß auch das Yale-Exemplar einen ähnlichen
Unterschied und zwar in noch ausgesprochenerem Maße aufweist.

2. Bei unserem Münchner Exemplar ist es ferner sehr auffallend, daß auf der linken Seite, wie es die Abbildung (Fig. 6)
sehr deutlich zeigt, das Schwanzsegel beträchtlich weiter vorn
beginnt als auf der rechten Seite. Die Stelle, wo das Segel
beginnt, ist auf keiner der beiden Seiten mit voller Sicherheit
zu erkennen. Man kann eben nur aus der Fortsetzung der Um-
rißlinien schließen, daß es links am proximalen Ende eines verlängerten Wirbels sich ansetzt, rechts nicht vor dem distalen
Ende desselben Wirbels. Doch ist es nicht völlig auszuschließen,
daß auf der rechten Seite der Anfang des Segels nicht vollständig
aus dem Gestein ausgearbeitet ist. An dem Yale-Exemplar ist
eine solche Ungleichheit am Beginn des Segels nicht zu beobachten.

3. Sodann ist es an dem Münchner Exemplar ganz zweifellos, daß die Stellen, an denen beiderseits die Apophysen mit
einem Wirbelkörper zusammentreffen, einander nicht genau entsprechen (Fig. 6). Die der linken Seite (Gegenplatte) befinden
sich vor der Ansatzstelle der rechten Seite. Das ist sehr auffallend
in der vorderen Hälfte des Segels, wo die Apophyse der rechten
Seite mehr auf die Mitte eines Wirbelkörpers trifft, die der linken
Seite etwa auf die Grenze zwischen zwei Wirbelkörpern. Marsh
l. c. p. 253 hat schon gerade auf diesen Punkt aufmerksam gemacht, und seine Ansicht, daß es sich um ein Vertikalsegel handelt, stützt sich wesentlich auf diese Beobachtung. Seine Abbildung des Schwanzsegels in seinem Text, p. 253, und auf seiner
Tafel stimmen in dieser Beziehung fast genau mit dem überein,
was ich selbst an dem Münchner Exemplar sicher feststellen
konnte, aber nur, soweit es die vordere Hälfte des Schwanzsegels
betrifft (Fig. 8). In der hinteren Hälfte ist dieser Unterschied
viel geringer ausgeprägt, und im letzten Drittel des Schwanzsegels zeigt unser Münchner Exemplar auf beiden Seiten der
Wirbelsäule fast genau den gleichen Zustand, indem die Ansatzstelle der beiderseitigen Apophysen einander fast gegenüber liegt.
Auf den Marsh'schen Abbildungen aber ist der gleiche Unterschied bis zum Ende des Schwanzsegels zu sehen. Um so mehr
überraschte es mich, daß ich auf den sehr guten Photographien
des Yale-Exemplars (Fig. 7) diesen Unterschied in der Ansatzstelle der Apophysen auch in der vorderen Hälfte des Segels
sogar weniger ausgeprägt fand als bei dem Münchner Exemplar.

Er ist zwar zweifellos auch durchaus deutlich vorhanden; die
Ansatzstelle der rechtsseitigen Apophyse scheint aber nicht weit
hinter dem Vorderende der Wirbelkörper zu liegen, jedenfalls
vor ihrer Mitte, wo nach der Angabe von Marsh und nach
seinen Abbildungen die Ansatzstelle sich doch befinden soll. Ein
Blick auf die beistehende Textfigur wird das bestätigen. Aber
im hintersten Teil des Segels liegen die Ansatzstellen der Apophysen bei dem Yale-Exemplar einander fast gegenüber wie bei
dem Münchner Exemplar.

Diese Feststellungen am Schwanzsegel selbst scheinen ja
zweifellos für die Annahme einer vertikalen Stellung zu sprechen,
aber für wirklich beweiskräftig kann ich sie nicht halten. Es ist
doch immerhin möglich, daß es sich bei den beobachteten Assym-
metrieen um Deformationen handelt, die erst nach dem Tode
während des Fossilisationsprozesses und durch den Gesteinsdruck
oder durch ungenügende Präparation eingetreten sind.

Lage der Schwanzwirbel auf der Platte.

Um die Frage wirklich befriedigend zu lösen, blieb schließlich nichts anderes übrig, als zu versuchen, ob es möglich ist,
die Lage der Schwanzwirbel innerhalb des Schwanzsegels festzustellen, obwohl mich die verschiedentlich schon hervorgehobenen
Schwierigkeiten dieses Unterfangens zuerst davon abgeschreckt
hatten. Denn der Zustand der Wirbelsäule innerhalb des Schwanzsegels bei unserem Münchner Exemplar ließ dies Vornehmen
als fast aussichtslos erscheinen. Erst als ich durch die Untersuchungen an den Schwanzwirbeln anderer Exemplare von *Rhamphorhynchus* in der Münchner Sammlung mir genügenden Ein-
blick in die Einzelheiten des ganzen Baues des Schwanzes bei
diesen merkwürdigen Reptilien verschafft hatte (vgl. o. S. 12),
hatte ich die nötigen Unterlagen gefunden, die mir erlaubten,
zu sicheren Schlüssen zu kommen. Das Yale-Exemplar kommt
dabei nicht in Betracht, da die Umrisse seiner Wirbel auf der
Photographie nicht erkennbar sind.

Ich kam bald zu der Überzeugung, daß es zur Beurteilung
der Stellung des Schwanzsegels von *Rhamphorhynchus* gar nicht
notwendig ist, die Wirbelsäule eines Exemplars zu untersuchen,
bei dem das Schwanzsegel selbst noch deutlich sichtbar vorhanden

ist, was meines Wissens bisher nur von vier Exemplaren (New
Haven, Washington, München, Greifswald) bekannt geworden ist.
Die Beobachtung, wie leicht jede Spur des Vorhandenseins eines
Schwanzsegels verloren geht, wenn die Kalkschicht, die die Substanz des Schwanzsegels darstellt, abbröckelt, konnte ich ja an
der Hauptplatte unseres Exemplars machen. Es muß angenommen
werden, daß überall, wo der Schwanz in ungestörtem Zusammenhang auf einer Platte vorhanden ist, er noch die Lage einnimmt,
die ihm durch das Vorhandensein des Schwanzsegels aufge-
zwungen ist, also eine seitliche, wenn das Schwanzsegel wirklich
vertikal war.

Da war es mir nun sehr interessant, die Beobachtung machen
zu können, daß alle Exemplare von *Rhamphorhynchus*, bei denen
der lange Schwanz noch in natürlichem Zusammenhang erhalten
ist, deutlich eine seitliche Lage der Schwanzwirbelsäule auf der
Gesteinsplatte erkennen lassen, sofern sie sich überhaupt zu einer
solchen Beobachtung eignen. Das war auffallenderweise auch der
Fall bei solchen Exemplaren, bei denen der Rumpf auf dem Bauch
oder dem Rücken liegt und so mit dem Schwanz noch in Verbindung steht, was ja gerade bei *Rhamphorhynchus* das gewöhn-
liche Vorkommen ist.

Die seitliche Lage des Schwanzes ist eben eine fast notwendige Folge des Vorhandenseins eines vertikalen Schwanzsegels,
das sich nach dem Tode des Tieres mit einer Seitenfläche auf den
Boden legen mußte, gleichgültig wie die Lage des Rumpfes war.
Bei unserem Exemplar, dessen Kreuzbeingegend noch eine ausgesprochen horizontale Lage einnahm mit dem Rücken nach oben,
lag der Schwanz mindestens vom 9. Schwanzwirbel an in fast
vollkommen seitlicher Lage. Die Drehung um etwa 90°, die dazu
nötig war, muß innerhalb der dazwischenliegenden neun Wirbel-
gelenke stattgefunden haben. Die gleiche Beobachtung machte
schon Kremmling (l. c., p. 355) an seinem Exemplar von *Rh.
Gemmingi*, der „die Torsion in der Gegend des 10. Wirbels“ beobachtete, „sodaß von hier ab die Wirbel von der linken Seite
entblößt sind, während der erste Teil des Schwanzes die Unterseite darbietet“. Das zeigt sich auch an anderen Exemplaren, die
ich daraufhin untersuchte, auch bei Exemplaren des kleinen
Rh. longicaudus. Die ungefähren Umrisse des Schwanzsegels dieser

Art lassen sich übrigens noch ganz deutlich erkennen an dem
von Zittel 1882, l. c., p. 54 beschriebenen und auf Taf. 11 abgebildeten Exemplar der Münchner Sammlung (Fig. 9).

Eine dorsale oder ventrale Ansicht bot mir eine Schwanz-
wirbelsäule von *Rhamphorhynchus* nur dann, wenn sie in getrennte
Stücke auseinander gebrochen war. In diesem Fall hatten einzelne
der Bruchstücke, die nicht mehr unter dem Einfluß der vertikalen
Schwanzflosse standen, eine andere als die seitliche Lage auf der
Gesteinsplatte einnehmen können.

So findet sich an einem Exemplar in der Münchner Sammlung die Schwanzwirbelsäule in mehrere getrennte Abschnitte gebrochen. Von diesen zeigt ein Abschnitt (V) eine ventrale Ansicht

Fig. 9. Schwanzende von *Rhamphorhynchus longicaudus* mit Spuren
des Schwanzsegels. Zittel's Exemplar (Taf. 11). × 1.5.

(Fig. 1, S. 8). Die Wirbelkörper erscheinen z. T. völlig symmetrisch
und in der Mitte sehr schmal mit verdickten Gelenkenden. Der
anstoßende Abschnitt (L) liegt in seitlicher Lage vor und zeigt die
Wirbelkörper von viel bedeutenderer Breite bzw. Höhe. Sie sind
offenbar stark komprimiert. Es ist das von Wagner 1858, l. c.,
p. 69 erwähnte Exemplar seines *Rh. curtimanus*, dem ich schon
oben (S. 15) die Längenmaße seiner Schwanzwirbel entnommen hatte.

Daß es aber wirklich eine seitliche Lage ist, die die Schwanzwirbelsäule von *Rhamphorhynchus* in der Regel einnimmt, und
speziell auch bei unserem Münchner Exemplar mit wohlerhaltenem
Schwanzsegel, geht aus folgenden Feststellungen hervor:

1. Was die Wirbelkörper des Schwanzsegels selbst anbelangt,
so bieten die wenigen, die an dem Münchener Exemplar gut genug
sichtbar sind, mit aller Deutlichkeit einen asymmetrischen Anblick.
Bei dem ersten Wirbel am Anfang des Segels ist der Wirbel-

körper auf seiner linken Seite ganz offenbar stärker konkav als
rechts (Fig. 4, S. 10). Das kann nur so gedeutet werden, daß dieser
Wirbel mehr oder weniger vollständig auf der Seite liegt, und
genau dasselbe ließ sich dann auch bei einigen der folgenden
Wirbelkörper beobachten, recht gut sogar noch an den beiden
letzten Wirbeln des Segels. Freilich ist eine Unterscheidung der
Wirbelkörper von den sie z. T. überdeckenden Sehnen oft recht
schwierig, so daß immer mit der Möglichkeit gerechnet werden
muß, daß dadurch die Umrisse der Wirbelkörper selbst falsch
gedeutet werden. Nur an wenigen Segelwirbeln unseres Exemplars
ist diese Täuschung ganz ausgeschlossen.

Ich untersuchte nun die verschiedenen Exemplare von *Rhamphorhynchus* in der Münchener Sammlung auf dieses Verhalten
und konnte feststellen, daß, wo überhaupt Schwanzwirbelkörper
deutlich zu erkennen sind, in der Regel ihre eine Längsseite nur
wenig, die andere aber auffallend stärker konkav ist, so daß sie
offenbar eine seitliche Ansicht darbieten. Besonders schön zeigte
sich das bei einem Exemplar des kleinen *Rh. longicaudus* (Fig. 2,
S.10). Und zwar zeigt sich diese unsymmetrische Gestalt der Wirbelkörper, die nur auf ihre Seitenlage zurückzuführen ist, in der
Regel auch schon im vorderen Teil der Schwanzwirbelsäule. Für
die hintersten im Bereich des Schwanzsegels liegenden Wirbelkörper fand ich in der Sammlung allerdings keine weiteren
wirklich überzeugenden Beweise dieser seitlichen Lage. In den
wenigen Fällen, wo überhaupt das Schwanzende noch vorhanden
war, konnte man kein befriedigendes Urteil über die Gestalt der
Wirbelkörper gewinnen. Aber gerade an unserem Exemplar mit
Schwanzsegel läßt sich die auffallend unsymmetrische Gestalt der
hintersten Wirbelkörper ganz unzweideutig feststellen. An einem
kleinen Bruchstück der Gegenplatte unseres Exemplars läßt sich
diese unsymmetrische Gestalt eines Wirbelkörpers schon im vorderen Teil des Schwanzes, am 9. Schwanzwirbel sehr klar beobachten. Hier lag also schon der vordere Teil des Schwanzes
auf der Seite, obwohl der in vollständigem Zusammenhang damit
stehende Rumpf ganz auf dem Bauch lag. Auch einige der unmittelbar vor dem Segel befindlichen Wirbel, die verhältnismäßig
gut erhalten sind, zeigen sich unzweideutig in seitlicher Lage
(Fig. 3 u. 4, S. 10).

2. Ganz besonders auffallend ist ferner die asymmetrische
Lage der Wirbelkörper innerhalb des durch die verknöcherten
Sehnen begrenzten Kanals für die Wirbelsäule nicht nur im
Bereich des Schwanzsegels, sondern auch vor diesem (Fig. 3 u. 4).
Die Wirbelkörper sind durchgehends überall, wo es an dem
Münchner Exemplar sich feststellen läßt, auf die rechte Hälfte
dieses Kanals beschränkt, was nicht zu erklären wäre, wenn die
Lage des Schwanzsegels auf der Gesteinsplatte die horizontale
wäre. Nur wenn das Schwanzsegel ein vertikales ist und es mit
seiner Seitenfläche auf der Gesteinsplatte liegt, kann diese unsymmetrische Lage eine zwanglose Erklärung finden. Diese Wirbelkörper liegen zweifellos alle in fester Verbindung mit einander
noch in ihrer ursprünglichen Lage, und haben durch den Fossilisationsprozeß und die Verwesung keine Verschiebung gegen
einander erlitten. Auch diese unsymmetrische Lage der Wirbelkörper in ihrer Sehnenscheide ließ sich bei den meisten Exemplaren von *Rhamphorhynchus*, die eine derartige Beobachtung
erlaubten, ebenfalls mit größter Sicherheit feststellen, und zwar
auch schon im vorderen Teil des Schwanzes.

Damit ist meines Erachtens die seitliche Lage nicht nur des
Schwanzsegels, sondern auch des größten Teils des Schwanzes
auf der Gesteinsplatte bei unserem Exemplar sicher festgestellt.

3. Aber noch etwas weiteres stellte sich bei meinen Untersuchungen der Wirbelkörper an unserem Exemplar heraus. Die
Wirbelkörper sind seitlich komprimiert, und zwar innerhalb des
Schwanzsegels sehr stark, sodaß sie ganz platt erscheinen. Aber
auch schon im vorderen Teil des Schwanzes kommt das zur
Geltung. Das oben erwähnte kleine Bruchstück, das einen der
vorderen (9.) Schwanzwirbel schon in völlig seitlicher Lage zeigt,
läßt auf seiner Bruchfläche den größten Teil des Querbruchs vom
10. Schwanzwirbel erkennen (Fig. 5, S. 12). Er ist noch in fast ursprünglicher Weise von der aus verknöcherten Sehnen gebildeten
Scheide allseitig umgeben. Obwohl der Querbruch nahe dem
Vorderende des Wirbels erfolgt ist, wo sich schon eine Verdickung
des Wirbelkörpers geltend macht, zeigt dieser sich auch hier
deutlich komprimiert. Er ist hier etwa doppelt so hoch als breit.
Diese Kompression ist nicht durch den Gesteinsdruck erfolgt, denn
die verknöcherten Sehnen rings herum behielten einigermaßen

ihre natürliche Lage, und der Querbruch des Wirbelkörpers selbst ist, soweit er vorliegt, fast ganz symmetrisch und auf keinen Fall gequetscht. Nur der ventrale Teil der Sehnenscheide ist etwas auf die Seite gebogen. Ebensowenig vermag ich die platte Form der im Schwanzsegel befindlichen Wirbelkörper für die Folge von Gesteinsdruck zu halten. Es ist die natürliche Gestalt der stark komprimierten hintersten Schwanzwirbelkörper von *Rhamphorhynchus*.

An dieser Stelle darf auch nicht unerwähnt bleiben, daß schon H. v. Meyer 1860, l. c., p. 69 mit aller Bestimmtheit festgestellt hat, daß der Schwanz von *Rhamphorhynchus* „weder rund noch platt (d. h. deprimiert), sondern flach, höher als breit war."

Ich wenigstens halte nun die Beobachtungen an den Wirbelkörpern selbst für so überzeugend und wichtig und so einwandfrei zu übersehen, daß jede dieser 3 Feststellungen allein schon die Frage nach der Stellung des Segels entscheiden müßte:

1. Die Wirbelkörper sind seitlich kompromiert und zwar um so stärker, je weiter nach hinten sie liegen.

2. Die Wirbelkörper liegen in der Regel auf der Seite und zeigen daher ein unsymmetrisches Aussehen, auf ihrer ventralen Seite viel stärker konkav als auf der dorsalen.

3. Die Wirbelkörper zeigen infolge ihrer seitlichen Lage auch eine unsymmetrische Lage innerhalb der sie umgebenden Scheide aus verknöcherten Sehnen.

Das alles lassen schon die Wirbelkörper innerhalb des Schwanzsegels unseres Münchner Exemplars unzweideutig erkennen.

Dazu kommt nun auch noch die jedenfalls unsymmetrische Lage der Apophysen im vorderen Teil des Schwanzsegels.

Nach meiner Ansicht darf auf Grund der hier mitgeteilten Beobachtungen mit aller Bestimmtheit angenommen werden, daß die ursprünglich von Marsh vertretene Ansicht, daß *Rhamphorhynchus* ein vertikales Schwanzsegel besaß, tatsächlich auch der Wirklichkeit entspricht.

. Alle Erscheinungen sprechen dafür, daß sowohl auf der Abbildung des Münchner Exemplars wie des Yale-Exemplars (Fig. 6 u. 7) die rechte Hälfte der Figuren als der dorsale, die linke

Hälfte als der ventrale Teil des Schwanzsegels anzusprechen ist.
Mit Marsh muß ich die Apophysen als Neurapophysen und
Haemapophysen betrachten.

Wenn zu Gunsten der Ansicht, daß es ein Horizontalsegel
sein soll, auf die auffallende Symmetrie beider Hälften in ihren
Gesamtumrissen hingewiesen wird, und besonders darauf, daß die
Apophysen beider Seiten so große Ähnlichkeit in ihrem ganzen
Verlauf zeigen, wie man es nur bei paarweise zusammengehörigen
Organen der rechten und linken Körperhälfte erwarten kann, so
sei auf die Gestalt der vertikalen Schwanzflossen der modernen
Knochenfische hingewiesen, die oft eine ganz verblüffende Sym-
metrie ihrer dorsalen und ventralen Hälften zeigen. Ähnlich ist
das Schwanzsegel von *Rhamphorhynchus* zu verstehen.

Flughaut und Körperbedeckung.

Auf dem 4. Bruchstück der Hauptplatte ist neben dem
Schwanzsegel auch der äußere Teil des linken Flügels mit sehr
schön erhaltener Flughaut zu sehen. Diese Flughaut zeigt bei
Beginn der 3. Phalange eine Breite von 43 mm. Ihr freier Rand
verläuft fast geradlinig (sehr schwach konkav) bis zum Ende der
Endphalange. Bei Beginn der Endphalange zeigt sie noch eine
Breite von 27 mm. Über die Form der Flughautspitze selbst
geben die vorhandenen Reste keinen ganz sicheren Aufschluß.
Doch scheint sie etwas abgerundet, nicht mit einem spitzen Eck
geendet zu haben.

Auffallend auf der Oberfläche der Flughaut sind mehrere
sehr ausgesprochene Längsfurchen, die etwa geradlinig und fast
parallel zu einander unter sehr spitzem Winkel mit der Längs-
richtung der Phalangen nach außen verlaufen, aber den Rand
der Flughaut nicht erreichen. Drei von diesen Furchen beginnen
offenbar ungefähr am proximalen Ende von je einer der 3 äußeren
Phalangen, während längs der Endphalange noch einige weitere
dazukommen, vielleicht aus dem Grund, weil die Endphalange
im Gelenk gegenüber der vorletzten Phalange etwas eingeknickt
ist und nicht mehr vollständig die geradlinige Fortsetzung von
dieser bildet.

Jedenfalls ist aus dem deutlichen Hervortreten dieser Längs-
falten zu schließen, daß die Flughaut mehr oder weniger im

Ruhestand sich befand. Einige Stellen der sonst auffallend glatten Oberfläche der Flughaut lassen eine sehr feine parallele Längsstreifung erkennen, die von der Gegenwart der elastischen Längsfasern herrührt, die die Flughaut der Pterosaurier durchziehen.

Auf drei unzusammenhängenden kleineren Bruchstücken der Gegenplatte (Taf. 3, Fig. 1), die aus der Gegend der Schwanzwurzel stammen, erregten noch einige eigentümliche Spuren, die nicht zum verknöcherten Skelett gehören, mein besonderes Interesse. Auch die Hauptplatte zeigt an diesen Stellen ähnliche Spuren. Sie sind aber besser auf den Bruchstücken der Gegenplatte erhalten. Zunächst fällt ein System feinster, parallel zueinander verlaufender Streifen auf, von denen ca. 25—35 auf die Breite von 10 mm kommen. Sie erwiesen sich zweifellos als Teile der Flughaut und zwar aus derjenigen Gegend, die sich zwischen Unterarm und 1. Flugfingerphalange befindet. Es sind die ungestört nebeneinander liegenden Fasern, die die Flughaut überall durchziehen. Offenbar lag das Tier, als seine Leiche in dem Kalkschlamm zur Ablagerung kam, so, daß die Flughaut seines linken Flügels unter das Becken und die Schwanzwurzel zu liegen kam. Quer über die Schwanzwurzel legte sich dann noch die linke Tibia. Auf den kleinen Bruchstücken der Gegenplatte haben sich nun die Fasern der Flughaut in ganz vortrefflicher Weise erhalten, fast besser noch als auf anderen Exemplaren, die ich kenne. Leider sind es nur einzelne Bruchstücke, die aufbewahrt sind, die sich aber einigermaßen ergänzen, sodaß verschiedene Stellen der Flughaut vorliegen, auf denen die Fasern verschiedene Richtung und verschiedene Dichtigkeit aufweisen.

Auf den gleichen Bruchstücken besonders der Gegenplatte, die diese Fasersysteme der Flughaut erkennen lassen, finden sich neben ihnen, z. T. in sie übergehend, rätselhafte büschelartige Gebilde. Sie zeigen sich ziemlich auffallend auf der Flughaut unmittelbar neben dem distalen Ende der 1. Flugfingerphalange, und zwar sowohl auf der Hauptplatte wie auf der Gegenplatte, in viel schwächerem Grade auch neben dem Gelenk zwischen 2. und 3. Flugfingerphalange. Besonders deutlich aber zeigen sich solche Büschel zu beiden Seiten der Tibia an der Stelle, wo sie die Schwanzwirbelsäule überkreuzt. Hier machen sie den Eindruck, als ob sie von der Schwanzwirbelsäule ausgehen. Eine weitere

Partie solcher Büschel befindet sich am distalen Ende der Tibia, als ob sie an dieser Stelle befestigt wären. Doch ist keineswegs sicher, daß sie mit der Schwanzwurzel oder der Tibia wirklich in Beziehung stehen. Denn an diesen Stellen der Platte liegt Flughaut, Schwanzwurzel und Unterschenkel übereinander, und jeder dieser Körperteile kann als Träger dieser Büschel in Betracht kommen. Daß sie an anderen Stellen der Flughaut dicht neben den Phalangen vorkommen, ist schon erwähnt.

Es ist schwer zu einer richtigen Deutung dieser merkwürdigen Bildungen zu kommen. Mit einiger Phantasie könnte man an Haarbüschel denken, die sich in Gestalt solcher Flocken erhalten haben und zwar an der Schwanzwurzel, am distalen Gelenk der Tibia und auf einigen Stellen der Flughaut. Diese Büschel erinnern durchaus an die Art, wie gerne von Malern und Bildhauern das Haupt- und Barthaar dargestellt wird, ohne daß die einzelnen Haare sichtbar werden. Auch auf Gipsabgüssen, die von einem Kopf mit eingefetteten Haaren genommen werden, wie z. B. bei Totenmasken, zeigt sich das Haar in dieser charakteristischen Büschelform.

Seitdem Broili 1927, l. c., den Nachweis vom Vorkommen tatsächlicher haarartiger Bildungen bei *Rhamphorhynchus* geführt hat, kann mit der Möglichkeit des Auftretens auch von längeren Haaren gerechnet werden, die in Form von Flocken oder Büscheln sich erhalten haben, ohne daß die einzelnen Haare noch sichtbar sind.

Hier muß nochmals dem Bedauern Ausdruck gegeben werden, daß ein Exemplar von *Rhamphorhynchus* in so wunderbarer Erhaltung, daß Schwanzsegel, Flughaut mit ihren Fasern und haarartige Epidermisbildungen sich noch nachweisen lassen, nur in einzelnen unzusammenhängenden Bruchstücken gesichert und einer Sammlung zugeführt wurde.

Nahrung, Lebensweise und Erwerbung des Flugvermögens.

Broili[1]) 1927, p. 64 hat darauf hingewiesen, daß merkmürdigerweise „weder bei den zahlreichen *Rhamphorhynchoidea* noch bei den *Pterodactyloidea* der Münchner Sammlung vom Mageninhalt keinerlei Reste sich zeigen, der doch sonst gelegentlich bei

---

[1]) Broili, Ein *Rhamphorhynchus* mit Spuren von Haarbedeckung. Sitzb. d. Bayer. Akad. d. Wiss., Jahrg. 1927, p. 49—67, Taf. 4—6, Taf. 7, Fig. 1.

Reptilien aus diesen Schichten *(Compsognathus, Homoeosaurus)* sich erhielt". Es wäre das ja sehr interessant aus dem Grund, da man dadurch auf die Art der Nahrung Schlüsse ziehen könnte. Das hier behandelte Exemplar zeichnet sich nun auch in dieser Beziehung vor anderen aus. Zum Teil noch zwischen den vordersten Zähnen des Unterkiefers, zum größten Teil aber vor der Mundöffnung dieses Exemplars (Taf. 1 bei Nr. 2, und Fig. 10) liegt eine eigentümliche Masse von gelblicher Farbe auf dem Gestein, die

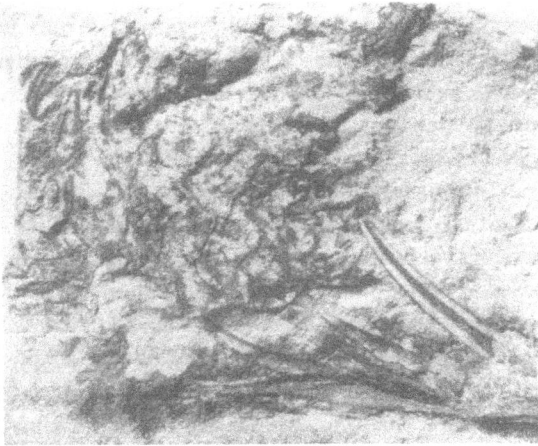

Fig. 10. *Rhamphorhynchus Gemmingi* (Münchner Exemplar mit Segel). Vorderende des Unterkiefers mit ausgespieenem Mageninhalt. $\times$ 1.8.

ich für den ausgespieenen Inhalt des Magens halten möchte. Vermutlich hat das Tier in seinem Todeskampf die letzte Mahlzeit wieder von sich gegeben, wie das ja verschiedene Tiere in diesem Zustand gerne tun. Zweifellos sind es tierische Reste, die hier in schon etwas zersetztem Zustand vor uns liegen. Leider ist es nicht möglich, mit aller Bestimmtheit diese letzte Mahlzeit eines *Rhamphorhynchus* zu analysieren. Wirr durcheinander finden sich strahlige Gebilde z. T. deutlich gegliedert und z. T. parallel zueinander angeordnet, daß man an Flossenstrahlen von Fischen erinnert wird; auch an Crustaceen ist dabei zu denken. Da und dort liegen auch Gebilde, die vielleicht auf Schuppen gedeutet werden können. Einige zyklische Bildungen lassen an den Crinoiden *Saccocoma* denken, der ja im lithographischen Schiefer einen hervorragenden

Bestandteil des Plankton bildete. Und gerade zum Planktonfang würde sich das reusenartige Gebiß von *Rhamphorhynchus* mit den langen, schlanken, schräg nach vorn und außen gerichteten Zähnen ganz vorzüglich eignen. Aber in keinem Fall sind die Reste so deutlich, auch nicht in ultraviolettem Licht, daß man die Verantwortung übernehmen könnte, sie zweifellos als Fisch- oder Crinoidenreste zu bezeichnen.

Jedenfalls aber möchte ich den Schluß ziehen, daß es sich um keine großen Beutetiere handelte, die in diesem Fall dem *Rhamphorhynchus* als Nahrung gedient hatten. Sollten tatsächlich Fische darunter gewesen sein, so konnten es nur sehr kleine Exemplare sein, sonst müßten ihre Spuren deutlicher sein. Es dürften nur zartere Tierformen gewesen sein, die als Nahrung in Betracht kamen, wie sie aber für das Plankton charakteristisch sind.

Die Annahme eines besonders engen Beckens bei den Pterosauriern, wie sie von einigen Autoren gefordert wird, das nur sehr kleinen Eiern oder Jungen den Durchgang gestatten würde, wird von den mir vorliegenden Skeletten in keiner Weise gestützt. Speziell bei *Rhamphorhynchus* zeigt gerade das schöne Exemplar von Zittel (l. c., Taf. 12, Fig. 2) die ventrale Ansicht des Beckens in fast ungestörtem Zustand. Es ist hier nicht anzunehmen, daß die Lage der einzelnen Teile gegeneinander durch den Gesteinsdruck eine wesentliche Verschiebung erlitten hat. Dies Becken läßt auf eine weite Lücke zwischen den ventralen Rändern der beiden Ischia bzw. Ischio-pubes schließen. Es spricht gar nichts dafür, daß hier eine feste Symphyse, sei es auch nur eine aus Knorpel bestehende, dazwischen gewesen ist. Nur die weit vorn gelegenen bandförmigen Praepubes sind median vereinigt, umspannen aber, wenn man sich ihren querliegenden medianen Teil halbkreisförmig gebogen denkt, einen sehr weiten Beckenraum. Bei *Pterodactylus* scheinen mir diese Verhältnisse nicht wesentlich anders zu liegen. Bei ihnen fehlt sogar jede Andeutung einer Symphyse zwischen den schaufelförmigen Praepubes. Auch bei *Anurognathus* finde ich keinen Anlaß, eine Sitz- oder Schambeinsymphyse anzunehmen. Ich kenne keine Tatsache, die dazu zwingen würde, bei einer dieser Formen eine derartige feste Umgrenzung des Beckenausgangs zu fordern. Nach meiner Ansicht steht nichts

im Wege, sich bei ihnen das Vorhandensein eines offenen Beckens
wie bei den carinaten Vögeln vorzustellen, das ihnen ermöglicht,
sehr große Eier zu legen oder weit entwickelte Junge zur Welt
zu bringen. Auch v. Stromer 1913 äußert sich ähnlich.

Mit Ausnahme der ersten Autoren, die sich über Pterosaurier
äußerten (Collini u. a.), wurden bisher allgemein die Flugsaurier
sämtlich als ausgesprochene Land- und Lufttiere betrachtet wie
die Fledermäuse und die große Masse der Vögel, deren ganzer
Bau völlig auf ihre fliegende Lebensweise abgestimmt war. Von
verschiedenen Seiten war deshalb auch angenommen worden, daß
Rhamphorhynchus als „Segler der Lüfte" ein horizontales Schwanzsegel als Steuer erworben haben mußte. Tatsächlich ist ja bei allen
Landtieren, deren Schwanz abgeplattet ist, um als Steuer beim
Fliegen oder Springen zu dienen, die Abplattung in horizontaler
Richtung erfolgt. Mit diesem Landleben war es auch durchaus
vereinbar, daß *Rhamphorhynchus* seine Nahrung aus dem Wasser
bezog, und Abel[1]) läßt ihn, ähnlich wie es der Scheerenschnabel
(*Rhynchops*) tut, während des Fluges Fische fangen und in aus-
gestreckter Lage auf dem Sandstrand ausruhen.

Nachdem nunmehr aber feststeht, daß *Rhamphorhynchus* ein
vertikales Schwanzsegel besaß, müssen wir unsere Anschauungen
über seine Lebensweise dieser Tatsache anpassen. Jetzt ist die
Frage berechtigt, ob das sogenannte Schwanzsegel von *Rhamphorhynchus* nicht besser als vertikale Schwanzflosse eines Wasser-
bewohners zu betrachten ist, denn nur bei echten Wassertieren
ist die vertikale Abplattung des Schwanzendes bekannt und sehr
verbreitet, die bei echten Landtieren niemals eintritt. Die
Schwimmhaut an den Hinterfüßen und das zum Planktonfang
vorzüglich geeignete Reusengebiß weisen *Rhamphorhynchus* ebenfalls ins Wasser. Zum Schwimmen standen die Flügel, die Hinterfüße und die Schwanzflosse zur Verfügung. Ich könnte mir
Rhamphorhynchus recht gut als gewandten Schwimmer und Taucher
vorstellen, der sich mit kräftigem Schwanzschlag auch aus dem
Wasser heraus zu schnellen verstand, um sich im Segelflug in
der Luft zu tummeln. Auch zahlreiche Vögel, die als gute Flieger

---

O. Abel 1919, Neue Rekonstruktion der Flugsauriergattungen *Pterodactylus* und *Rhamphorhynchus*. Die Naturwissenschaften. 7. Jahrg. p. 661—665.

bekannt sind, schwimmen und tauchen vortrefflich, während sie im Wasser ihre Nahrung suchen.

Ich kann mir nicht gut denken, wie die Vorfahren der Pterosaurier, als sich ihre Vorderfüße zu Flügeln entwickelten, zu der vertikalen Hautausbreitung am Schwanzende gekommen sein sollen, wenn sie wirklich kletternde Landtiere gewesen waren. Dagegen könnte ich mir viel eher vorstellen, daß sich bei einer den Vorfahren der Krokodile und Pseudosuchier verwandten wasserlebenden Form mit langem, seitlich in seiner ganzen Länge stark komprimiertem Ruderschwanz die vorderen Extremitäten flügelartig verlängerten. Das ist bei Meerestieren gar nichts erstaunliches, denn wir sehen das bei den fliegenden Fischen wie *Dactylopterus* und *Exocoetus* und anderen, auch fossilen Formen, bei denen dieser Vorgang unabhängig von einander in oft außerordentlichem Maße eingetreten ist. Mittels des kräftigen Schwanzes, der als Propeller dient, vermögen sie sich aus dem Wasser zu schnellen und mit den ausgespannten Vorderextremitäten einen mehr oder weniger weiten Segelflug zu unternehmen. Soweit sind unsere fliegenden Fische schon gekommen, und wenn sie zu längerem Aufenthalt in der Luft geeignet wären, würden sicher auch wirkliche Flieger aus den Fischen schon hervorgegangen sein. Bei den kiemenatmenden Fischen konnte aber diese Entwicklungsrichtung nicht mit Erfolg durchgeführt werden. Bei lungenatmenden Reptilien dagegen, wie es die Propterosaurier waren, stand aber dieser Entwicklung nichts im Wege, und sie wurden in der Folge auch wirkliche Flieger.

Nachdem einmal von den Vorfahren der Pterosaurier der Zustand der fliegenden Fische erreicht worden war, war die Weiterentwicklung zum wirklichen Flug geradezu eine Notwendigkeit. Ein Hindernis auf diesem Weg war eigentlich nur der schwerfällige lange Ruderschwanz. Zunächst wurde er den Bedürfnissen des Fluges nach Möglichkeit angepaßt und noch beibehalten. Aber die Hautverbreiterung, die ursprünglich wohl längs des ganzen Schwanzes wie bei Tritonen vorhanden war, wurde auf das Schwanzende beschränkt und im übrigen der Schwanz soweit reduziert, daß er nur noch als dünner steifer elastischer Stiel dieser Schwanzflosse diente, die in dieser Form im Wasser

noch als Propeller brauchbar war, in der Luft aber als Stabili-
sierungsorgan beim Flug. Als Steuer beim Flug dienten wohl
vornehmlich die Hinterfüße mit ihrer ausgedehnten Schwimmhaut, die aber völlig frei waren und nicht mit der Flügelhaut
in Verbindung standen, ebenso wenig wie das bei Vögeln der
Fall ist. Diesen Zustand zeigt nun noch *Rhamphorhynchus* bis
zum Malm als letzter der langschwänzigen Pterosaurier. Aber
wie auch bei den Vögeln erwies sich auf die Dauer der lange
Schwanz als unpraktisch und verschwand bei ihnen. Noch im
Malm finden wir neben den letzten langschwänzigen Pterosauriern
bereits zwei unabhängig von einander entstandene Gruppen von
Formen mit ganz verkümmertem Schwanz, durch *Anurognathus*
und *Pterodactylus* vertreten. Derartige Formen erhielten sich
noch durch die ganze Kreidezeit und erreichten hier gigantische
Größen, wie sie bei fliegenden Tieren nie wieder vorkamen.

Ich hatte selbst früher die Entstehung des Flugvermögens
bei Wirbeltieren, den Vögeln, Pterosauriern und Fledertieren
dadurch erklärt, daß in allen drei Gruppen das Stadium von
kletternden Landtieren bei der Stammesentwicklung durchlaufen
werden mußte. Jetzt aber scheint es mir für die Flugsaurier
möglich, eine Entwicklung aus schwimmenden Formen zu fliegenden anzunehmen. Ich würde diese Ableitung der Pterosaurier
von wasserbewohnenden Propterosauriern für ganz überzeugend
halten, die mit allen bekannten Tatsachen in Einklang zu bringen
ist, wenn mich nicht ein Punkt doch noch etwas bedenklich
machen würde. Es ist das Vorhandensein der großen Krallen an
den drei Krallenfingern, also gerade der Organe, die es mir seiner
Zeit wahrscheinlich machten, daß auch die Pterosaurier von
kletternden Landtieren abstammen müßten. Denn wozu besitzt
ein wasserlebendes Tier derartige scharfe und gewaltige Krallen,
wie sie schon die altertümlichste [1]) Form *Dimorphodon macronyx*
trägt, denen sie ihren Namen verdankt. Daß derartige Krallen
sich nicht zu dem Zwecke so mächtig entwickelt hatten, damit
die Tiere, wenn sie das Wasser verlassen, auf Felsen oder Bäumen

---

[1]) Daß der triassische *Tribelesodon* wirklich ein Pterosaurier ist, das
muß meiner Meinung nach erst noch bewiesen werden. Der geistreiche
Versuch dieses Beweises von Baron N o p c s a 1922 (Neubeschreibung des

herumklettern oder sich zur Ruhe damit anhängen können, das liegt doch auf der Hand. Es ist nun auffallend, daß sie bei *Rhamphorhynchus* mit seinem Reusengebiß verhältnismäßig schwach und klein sind. Auch die schwächer bezahnten Arten von *Ptero-dactylus* haben nur kleine Krallenfinger, und bei dem zahnlosen Pteranodon sind sie ganz unbedeutend. Dem gegenüber scheinen mir die Krallen um so größer und die Krallenfinger um so länger zu sein, je mehr das Gebiß darauf hindeutet, daß sein Besitzer verhältnismäßig große und kräftige Beutetiere damit zu fangen und festzuhalten hat. So ist es bei *Dimorphodon*, *Scaphognathus*, bei *Pterodactylus Kochi* und Verwandten mit ihren langen oder sehr kräftigen Fangzähnen, die auf eine räuberische Lebensweise deuten. Ganz besonders auffallend ist das bei dem vom Wasser ganz unabhängigen *Anurognathus* der Fall, der wohl verhältnis-mäßig die gewaltigsten Krallen unter den Pterosauriern besitzt. Es sind das in Wirklichkeit gefährliche und wirkungsvolle Greif-organe, die weit über das Bedürfnis von bloßen Kletterorganen hinausgehen. Ich halte sie in der Tat für Waffen zum Ergreifen und Festhalten der Beute.

Tafelerklärung.

Tafel 1. *Rhamphorhynchus Gemmingi*, aus dem lith. Schiefer von Schern-feld bei Eichstätt. Exemplar mit wohlerhaltenem Schwanzsegel. Nr. 1, 2, 3, 4 sind 4 größere unzusammenhängende Bruchstücke, durch Gips ver-bunden. Das Mittelfeld besteht aus Gips. Nr. 1g, 3g, 4g sind Bruchstücke der Gegenplatten von Nr. 1, 3, 4. $\times$ 0.37.

Tafel 2. Schwanzsegel von *Rhamphorhynchus Gemmingi*. Abdruck der Oberfläche auf der Gegenplatte. $\times$ 1.6.

Tafel 3, oben. *Rhamphorhynchus Gemmingi*, 3 Bruchstücke der Ge-genplatte von Nr. 1 und 3 in natürlicher Stellung zu einander. Fast überall sind die parallelen Fasern der Flügelhaut sichtbar. a und b zeigen den Anfang der Schwanzwirbelsäule, daneben die frei gewordenen verknöcherten Sehnen-fasern, quer darunter die linke Tibia, zu beiden Seiten davon büschel-förmige Gebilde, ebenso auf c. Nat. Gr.

---

triassischen Pterosauriers *Tribelesodon*. Palaeont. Zeitsch. 5. Bd.) kann mich nicht überzeugen. Und gerade das, was ich auf Grund der Abbildungen für das einzige Merkmal gehalten hätte, das wirklich für die Zugehörigkeit zu den Pterosauriern sprach, nämlich eine Reihe von Schwanzwirbeln mit ihren für diese Gruppe so charakteristischen verknöcherten Sehnen, deutet Nopcsa als die verschiedenen Teile der vorderen Extremität.

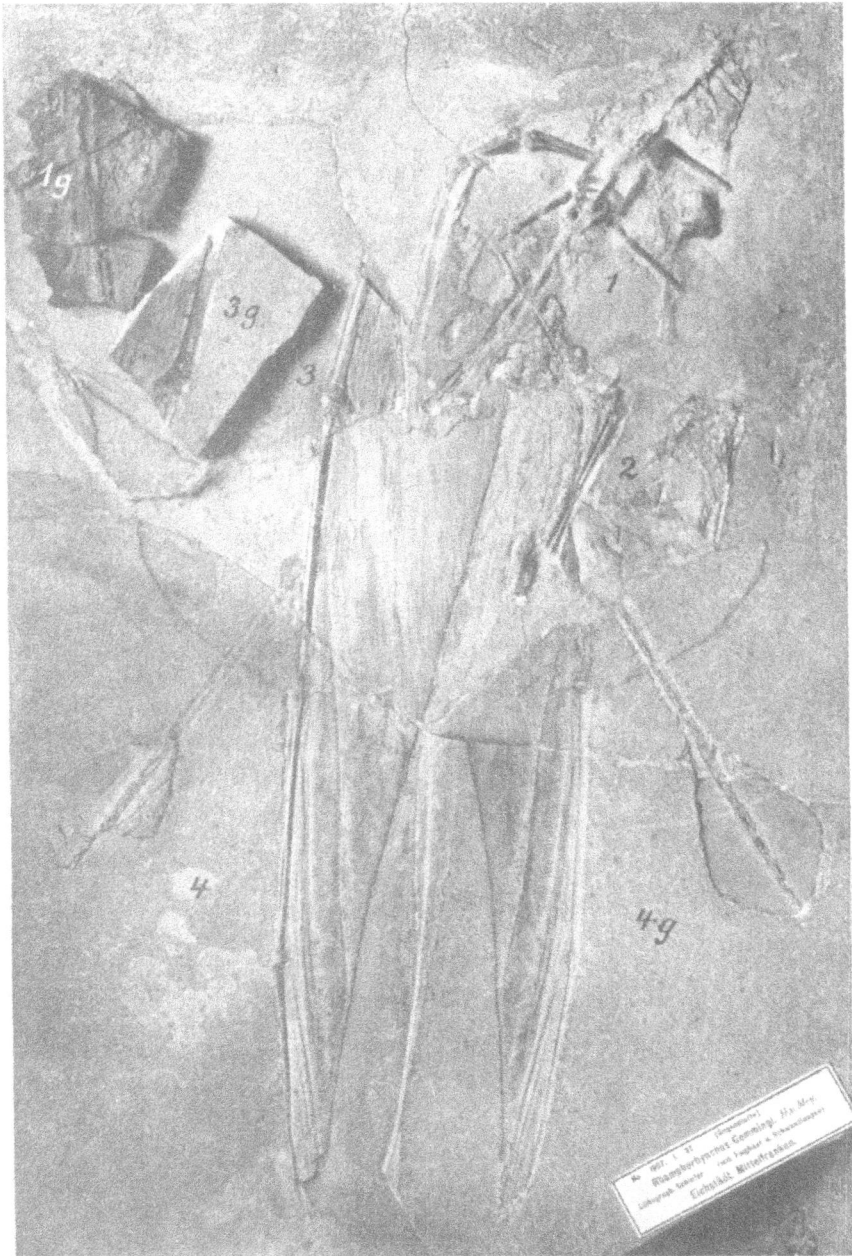

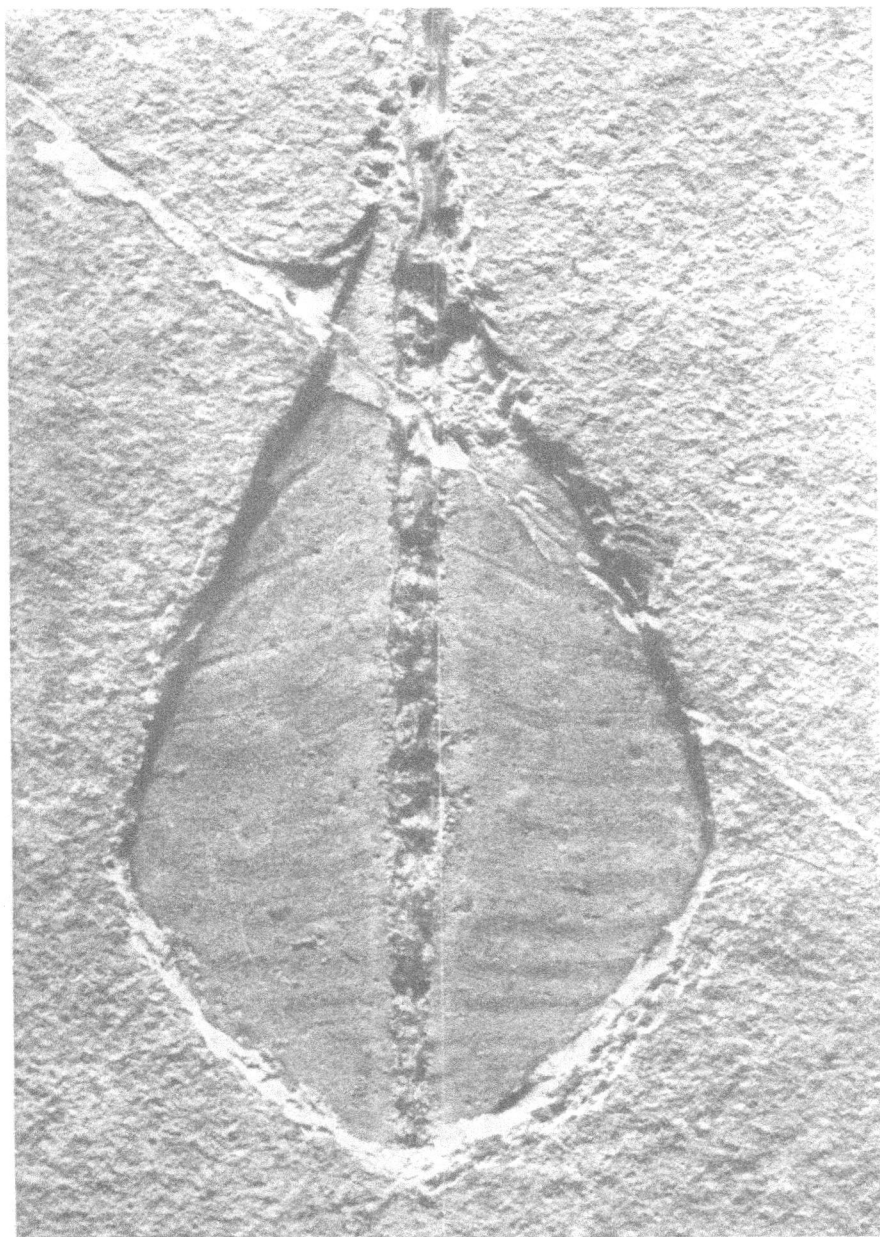

J. B. Obernetter, München

Ein Pterodactylus mit Kehlsack.

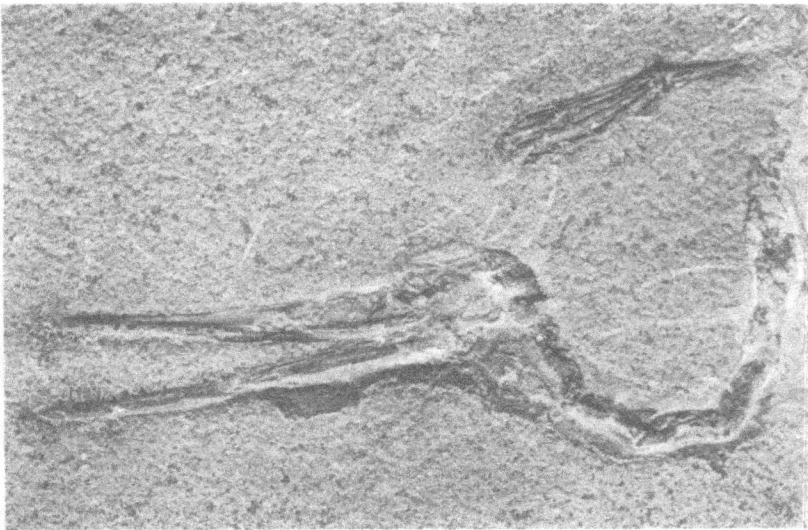

Über Anurognathus Ammoni Döderlein.

Von **Ludwig Döderlein** in München.

Mit Tafel IV und V und 7 Textfiguren.

Vorgetragen in der Sitzung am 15. Dezember 1928.

Inhaltsübersicht.

Im Jahre 1923 beschrieb ich[1]) unter dem Namen *Anuro-gnathus Ammoni* einen Flugsaurier aus dem lithographischen Schiefer von Solnhofen, der einen neuen, höchst charakteristischen Typus unter den Rhamphorhynchoidea darstellt. Leider mußte den damaligen Zeitverhältnissen entsprechend bei der Veröffentlichung mit Abbildungen äußerst sparsam vorgegangen werden, so daß ich mich auf das Notwendigste beschränkte. So benutzte ich zur Darstellung des vorliegenden Exemplars ein bereits vorhandenes Cliché, das aber ein nur wenig befriedigendes Bild des interessanten Fossils ergab. Ich möchte darum heute eine Abbildung dieser Platte nochmals, aber in besserer und vergrößerter Ausführung bringen (Tafel IV und V).

Im übrigen hätte ich weiter gar keinen Anlaß, an meinen früheren Ausführungen über diesen *Anurognathus* etwas zu ändern

---

[1]) L. Döderlein, *Anurognathus Ammoni*, ein neuer Flugsaurier. Sitzungsber. Bayer. Akad. d. Wiss., Jahrg. 1923, p. 117—164.

oder zu ergänzen, da ich meinen damaligen Bericht für durchaus
erschöpfend und zuverlässig halte. Jedoch ist in der Zwischenzeit
von zwei verschiedenen Seiten der Versuch gemacht worden, einige
meiner präzisen Angaben in Frage zu stellen und sie zu „berichtigen" oder zu „ergänzen".

Die Herren Professor C. Wiman aus Upsala und Professor
B. Petronievics aus Belgrad haben völlig unabhängig voneinander
hier in München das Original meines *Anurognathus* näher untersucht und glaubten auf Grund dieser eigenen Untersuchungen zu
einigen Feststellungen gekommen zu sein, die meinen Beobachtungen
und Mitteilungen widersprechen und sie als irrtümlich erscheinen
lassen.

Ich war dadurch veranlaßt, das Original selbst nochmals aufs
gewissenhafteste daraufhin zu prüfen, ob mir nicht vielleicht doch in
den betreffenden Punkten irrtümliche Angaben unterlaufen sind.
Nunmehr kann ich aber von vorneherein erklären, daß ich an
meinen früheren Feststellungen bezüglich der bemängelten Punkte
nicht das geringste zu ändern habe, und daß ich ausdrücklich die
volle Richtigkeit meiner eigenen Darstellung bestätigen kann. Soweit Tatsachen, die ich festgestellt hatte, in Zweifel gezogen worden
sind, sehe ich mich gezwungen, sie hier wieder richtig zu stellen.

„Berichtigungen" durch Prof. Wiman.

Zunächst hat sich Prof. Wiman 1925[1]) zu meinem aller-
größten Erstaunen über ungenügende Maßangaben in meinem Bericht beklagt. Er schreibt p. 12: „Döderlein hat keine absoluten
Maße mitgeteilt. Ich habe sie daher aus seiner Textfigur 2, p. 119
berechnet". Vielleicht hat Wiman inzwischen selbst schon ein-
gesehen, daß sein Vorwurf völlig unbegründet war, und daß er
sich die Mühe seiner eigenen Berechnung leicht hätte sparen
können. Die von ihm benötigten Maße hätte er an je zwei Stellen
meines Berichtes sehr bequem finden können. Ich habe bei der
Besprechung der einzelnen Knochen jedesmal die absoluten Maße
aufs peinlichste genau angegeben und habe außerdem die wich-
tigsten davon nochmals am Schluß der Arbeit in einer Tabelle
übersichtlich zusammengestellt!

---

[1]) C. Wiman, Über *Pterodactylus Westmani* und andere Flugsaurier
Bull. of the Geol. Instit. of Upsala, Vol. 20, p. 1—38, Taf. 1—2, 1925.

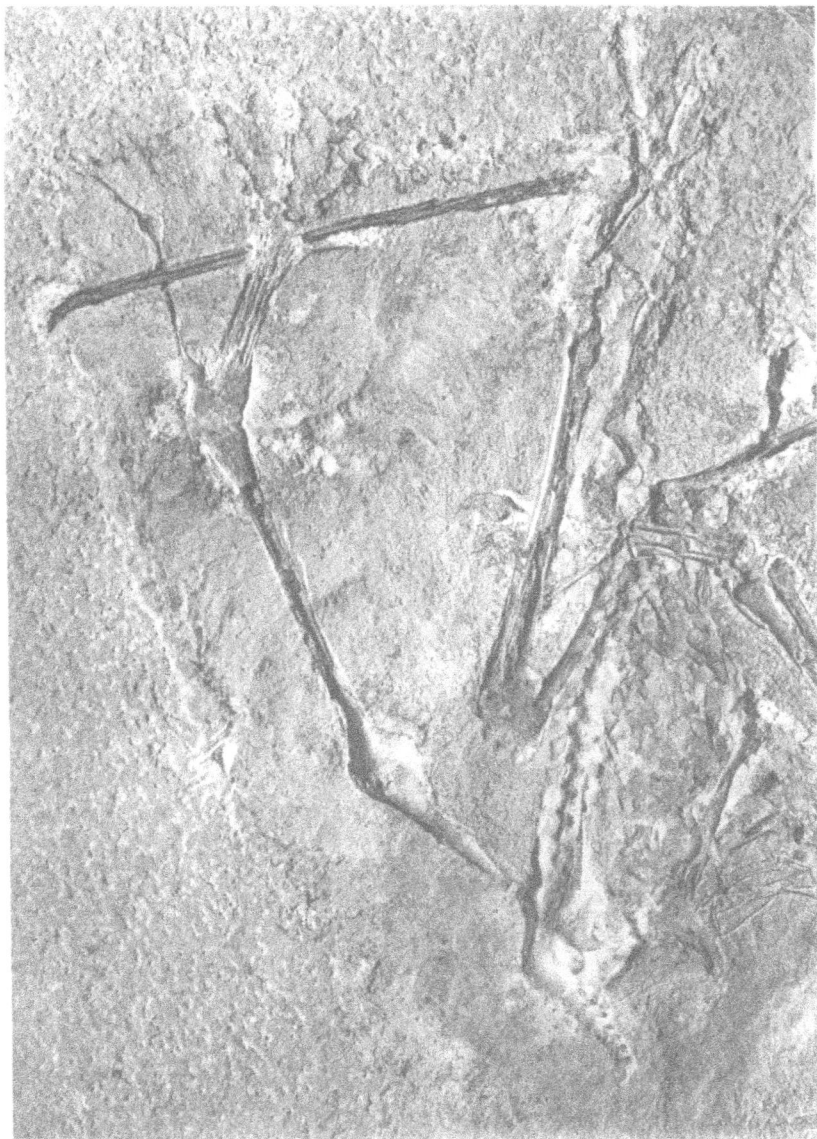

Ferner hatte ich auf p. 149 meiner Abhandlung festgestellt:
„Am rechten Fuß endet die glatte Oberfläche (des Gesteins) ziemlich genau mit den Spitzen der fünf weit auseinander gespreizten
Zehen und macht das Vorhandensein einer Schwimmhaut zwischen
den Zehen fast zur Gewißheit, umsomehr, als zwischen den ebenfalls weitgespreizten Fingern der rechten Hand die glatte Oberfläche nicht ausgebildet ist. Es ist anzunehmen, daß sie frei
waren". In seiner Schrift 1928, p. 363 erklärt jedoch Wiman[1]):
„Im Gegensatz zu Döderlein kann ich von der betreffenden Haut
nicht die geringste Spur finden weder am Original noch am Abdruck oder in der Skulptur der Gesteinsoberfläche. Diese Oberfläche sieht genau ebenso rauh aus innerhalb der vermeintlichen
Haut wie außerhalb derselben". Ich hoffe, daß Wiman doch noch
selbst diesen Unterschied anerkennen wird, der sogar auf der
recht minderwertigen Figur 1 meiner Abhandlung derart in die
Augen fällt, daß ich noch Niemanden gefunden habe, der diesen
Unterschied nicht sofort gesehen hätte. Es handelt sich um den
in der rechten oberen Ecke meiner Figur 1 ausgebreiteten Hinterfuß. Das ist auf dem Original natürlich noch viel deutlicher zu
erkennen. Ich möchte sogar daraus schließen, daß diese Schwimmoder Flughaut des Hinterfußes sich in Form eines Hautlappens
außerhalb der 5. Zehe noch verbreiterte und diese Zehe völlig
umschloß.

Eine weitere „Berichtigung" meiner Darstellung hält Prof.
Wiman[1]) für angezeigt bezüglich der Phalangenzahl der 5. Hinterzehe von *Anurognathus*. Diese bei *A.* besonders lang entwickelte
Zehe, die bei dieser Flugechse fast die doppelte Länge der 4. Zehe
aufweist und darin die von *Dimorphodon* noch übertrifft, überkreuzt bei unserem Exemplar die darunterliegende 1. Flugfingerphalange unter einem rechten Winkel. Der überkreuzende Teil
der Zehe ist weggebrochen mitsamt der darunterliegenden oberen
Hälfte des mächtigen Röhrenknochens, der die 1. Flugfingerphalange darstellt, sodaß von dieser nur die untere Hälfte als
offene Halbröhre noch erhalten ist. Die fehlenden Teile sind offenbar beim Abheben der Gegenplatte mit dieser verloren gegangen.

[1]) C. Wiman. Einige Beobachtungen an Flugsauriern. Palaeobiologica,
Bd. 1, p. 363—370, 1928.

Da bei allen anderen Rhamphorhynchoidea bisher nur zwei
Phalangen an dieser Zehe angenommen werden und die Endphalange deutlich vom proximalen Teil der Zehe zu unterscheiden
ist, nahm auch ich zuerst an, daß es nur die 1. Phalange der
5. Zehe sein könne, die sich quer über den Flugfinger gelegt
hatte. Allerdings müßte sie neben ihrer großen Schlankheit auch
von außerordentlicher Länge (15 mm) gewesen sein. Dafür sprach
auch, daß zu beiden Seiten des Flugfingers sowohl der proximale
wie der distale Teil einer Zehenphalange vorliegt, von denen der
eine Teil die geradlinige Fortsetzung des anderen zu sein
scheint.

Da fiel mir aber auf, daß zu beiden Seiten der überkreuzten
Flugfingerphalange, unmittelbar an diese anschließend, breite
grubenförmige Vertiefungen sichtbar waren, wie sie an anderen
Zehen nur an den Gelenken zwischen je 2 Phalangen sich bilden,
wenn sich Kristallisationserscheinungen geltend machen und so
das rosenkranzförmige Aussehen der Zehen veranlassen. Das ist
bei unserem Exemplar besonders deutlich am linken Hinterfuß
zu beobachten, wo die z. T. äußerst kurzen Phalangen durch
knotenförmige Verdickungen an Stelle der Gelenke scharf von
einander getrennt werden. Wo an anderen Stellen des Exemplars
Skeletteile sich überkreuzen, zeigen sich knotenförmige Verdik-
kungen infolge von Kristallisation nur dann, wenn Gelenkstellen
dabei im Spiel sind; sonst legt sich der eine Knochen glatt über
den anderen ohne Deformation. Das ganze Aussehen der Grübchen
zu beiden Seiten des Flugfingers ließ sich nur durch die Annahme erklären, daß es die Mulden von solchen Gelenkknoten
sind, und daß es sich um die Grenze zwischen 2 Phalangen
handelt. Die beiden Grübchen, die durch den Flugfinger getrennt
sind, liegen aber so weit auseinander, daß es recht unwahrscheinlich schien, daß sie zu einem einzigen Gelenk gehören.
Dazu zeigt das eine Grübchen eine deutliche Verschmälerung
gegen den Knochen des Flugfingers. So kam ich zur Annahme,
daß gerade über der Phalange des Flugfingers eine besondere,
sehr kurze Phalange der 5. Zehe müsse gelegen haben, deren
distales und proximales Gelenk ihre Spuren in Form der beiden
Grübchen hinterlassen haben. Auf diese Weise kam ich zu
4 Phalangen für die 5. Zehe, deren eine sehr kurz war, aber nicht

kürzer wie einzelne Phalangen an der 3. und 4. Zehe desselben Exemplars; und wie an diesen beiden Zehen ist es die drittletzte Phalange, die, wenn meine Annahme richtig ist, so kurz geblieben war.

Nun schreibt Prof. Wiman p. 364: „Wenn ich Döderlein's Anschauung nicht gekannt hätte, wäre es mir nach dem Aussehen der Platte gar nicht eingefallen, daß in der betreffenden Flugzehe mehr wie 2 Phalangen vorhanden gewesen wären." Dies Geständnis setzt mich in Erstaunen. Das kann doch gar nichts anderes heißen, als daß W. das doch recht sonderbare Vorhandensein der beiden Grübchen neben dem Flugfinger, das nicht zu übersehen ist, gar nicht einmal einer Beachtung für wert gehalten hätte! Nachdem aber ich nunmehr auf deren Bedeutung hingewiesen habe, sträubt sich W. offenbar gegen diesen meinen Gedanken und erklärt die nicht wegzuleugnenden Zeichen des Vorhandenseins von mehr als 2 Phalangen einfach als „Artefakte", durch die ich mich hätte „täuschen" lassen.

Auch ich war ja zunächst höchst überrascht darüber, daß *Anurognathus* 4 Phalangen an dieser Zehe gehabt haben soll, nachdem alle bisher bekannten Pterosaurier angeblich nicht mehr als höchstens 2 Phalangen daran besitzen. Ich fand aber eine Erklärung dieses überraschenden Befundes in der Überlegung, daß der Zustand des Hinterfußes bei den Archosauria (incl. Aves) wie bei den Cotylosauria, Pelycosauria und Tocosauria ursprünglich der war, daß an der 5. Hinterzehe 4 Phalangen wohl ausgebildet waren, was sich auch bei zahlreichen Tocosauria bis in die Gegenwart erhalten hat. Bei anderen trat eine Reduktion der 5. Zehe ein, die z. B. bei den Vögeln ganz verschwunden ist. Bei den Pterosauriern trat zunächst nur eine Reduktion der Zahl der Phalangen ein, die dann bei Pterodactyloidea soweit ging, daß meist nur noch eine einzige ganz rudimentäre Phalange nachzuweisen ist, die schließlich bei *Pteranodon* ganz fehlt.

Bei den in vieler Beziehung ursprünglicheren Rhamphorhynchoidea ist aber die Reduktion noch nicht soweit fortgeschritten, so daß die bisher bekannten Formen sämtlich noch zwei mehr oder weniger stark entwickelte Phalangen aufweisen. Nun zeigt aber

4*

der neuentdeckte *Anurognathus*, daß es in dieser Gruppe auch
Formen gab, bei denen die ursprünglichen 4 Phalangen noch
alle vorhanden sind, so daß anzunehmen ist, daß die Reduktion
der Phalangenzahl erst innerhalb der Gruppe der Rhamphorhynchoidea eingetreten ist.

Der Unterschied zwischen meiner und Wiman's Anschauung
besteht darin, daß ich die mir unerwartete Tatsache in natürlicher
Weise zu erklären versucht habe, während Wiman glaubt besser
zu tun, wenn er dieselbe auch ihm unbequeme Tatsache einfach
als nicht vorhanden betrachtet.

Wiman behauptet zunächst, die beiden fraglichen Grübchen
bei *Anurognathus* seien zu scharf abgesetzt gegenüber dem übrigen
Teil der Knochen und könnten deshalb keine Gelenkgrübchen
sein. Ich kann das nicht ernst nehmen. Sodann erklärt er aber
„Die Grübchen sehen künstlich aus" und überlegt „warum hier
eigentlich präpariert worden ist". Nun ist aber gar nicht daran
präpariert worden.

Als mir seinerzeit die Platte durch Herrn v. Ammon über-
geben worden war, war keine Andeutung vorhanden, daß jemals
versucht worden wäre, mit einem Stichel oder einer Nadel die
Platte zu bearbeiten, um einzelne Skeletteile freizulegen. Wo
nachher daran präpariert wurde, ist es von meiner Hand geschehen.
Wenn die betreffenden Grübchen durch Präparation künstlich
entstanden wären, müßte das zu erkennen sein, und ihr Aussehen
müßte ein ganz anderes sein. Es würde aber auch gar keinen
Sinn gehabt haben, gerade an diesen Stellen Löcher in das Gestein
zu bohren. Wäre das wirklich geschehen, so wäre die äußerst
spröde Flugfingerphalange, die die Grübchen von einander trennt,
aufs höchste gefährdet gewesen, und die Platte hätte als Schaustück und als wissenschaftliches Objekt Schaden gelitten. Die
Grübchen sind zweifellos die natürlichen Mulden von kristallini-
schen Konkretionen, die beim Ablösen der Gegenplatte mit
herausgehoben wurden. Wiman's Behauptung, die Grübchen seien
Artefakte, ist eine willkürliche, den Tatsachen widersprechende
Annahme.

Nachdem aber Wiman diese Behauptung einmal aufgestellt
hatte, legte ich meinem Freund Prof. Broili die Platte vor und
bat ihn um seine Ansicht darüber. Broili hat mich nun aus-

drücklich zu der Mitteilung ermächtigt, daß nach seiner Überzeugung bei diesen Grübchen von Artefakten gar keine Rede sein
kann, und ferner, daß die Deutung, die ich diesen Erscheinungen
gab, auch nach seiner Ansicht z. Z. als die einzig mögliche Erklärung für das Vorhandensein der Grübchen anzusehen ist.

Gewiß ist damit der Besitz von mehr als zwei Phalangen
an der 5. Zehe von *Anurognathus* noch nicht endgültig bewiesen.
Das wird erst der Fall sein, wenn wir einmal an einem anderen
Exemplar von *Anurognathus* oder auch einem anderen Pterosaurier
diese Zahl der Phalangen tatsächlich vor Augen bekommen. Bis
dahin hat aber meine Annahme die Wahrscheinlichkeit für sich.
Jedenfalls möchte ich die Methode von Wiman, solche schwierige
Fragen zu lösen, nicht für empfehlenswert halten.

„Berichtigungen und Ergänzungen" durch Prof. Petronievics.

In einer kleinen Schrift bespricht auch Prof. Petronievics[1])
meine Mitteilungen über *Anurognathus*. Während eines zweimaligen
Aufenthalts in München hat er das Original näher untersucht
und glaubt nun einige Punkte gefunden zu haben, in denen er
meine Angaben berichtigen und ergänzen kann. Auch hier kann
ich nach erneuter Prüfung mit aller Bestimmtheit erklären, daß
meine Angaben den Tatsachen vollständig entsprechen, die davon
abweichenden des Herrn P. jedoch nicht.

Zunächst bemängelt Petronievics meine Angaben über die
Lage der Extremitäten. Ich hatte festgestellt, daß „die linken
Extremitäten nach der rechten, die rechten nach der linken
Hälfte der Platte ausgebreitet" liegen. P. (p. 215 u. 216) „glaubt
dieser Behauptung widersprechen zu können" und schreibt: „Ich
kann keinen ernsten Grund auffinden, der uns berechtigte, die
links liegende Hinterextremität für die rechte und die rechts
liegende für die linke zu erklären"; „dasselbe gilt auch für die
Vorderextremitäten". Trotzdem sind meine Angaben ganz richtig,
und ich kann mein Erstaunen darüber nicht unterdrücken, wie
es überhaupt möglich ist, nach Betrachtung des Originals zu
einer anderen Meinung über die Lage der Extremitäten zu kommen,

---

[1]) B. Petronievics 1928, Bemerkungen über *Anurognathus*, Döderlein.
Anatom. Anzeiger, Bd. 65, p. 214—222.

als ich sie ausgesprochen habe. Denn bei der Fossilisation des
Tieres ist der Zusammenhang des Skelettes vollständig gewahrt
geblieben, das Skelett liegt ganz übersichtlich da, und die Orientierung besonders auch der Extremitäten macht fast keine Schwierigkeiten und ist einfach und klar. Man muß nur berücksichtigen,
daß einzelne Teile in der Gegenplatte geblieben sind, deren Lage
sich aber mit völliger Sicherheit noch feststellen läßt. Bei unbe-
fangener Betrachtung kann gar kein Zweifel über die Orientierung
entstehen. Es würde ein leichtes sein, einer toten Fledermaus
oder einem Vogel die Stellung zu geben, in der unser *Anurognathus*
sich auf der Platte darbietet.

Der Rumpf mit Hals und Kopf liegt ganz auf seiner linken
Seite, der Bauch nach rechts, der Rücken nach links gerichtet.
Die rechte Hälfte des Beckens mit dem rechten Acetabulum er-
hebt sich beträchtlich über die Ebene der Platte. Das linke
Acetabulum liegt gerade darunter in der Tiefe der Platte. Von
beiden Femora sind ihre distalen Hälften mit dem Kniegelenk
sehr deutlich. Entweder der Knochen selbst oder die Mulde, in
der er lag, sind zu sehen, so daß man die Richtung von jedem
Femur vom Knie bis zu seinem Acetabulum mit größter Sicherheit feststellen kann. Es ist nun das nach der linken Seite der
Platte, also dorsalwärts gerichtete Femur, das nach dem rechten
Acetabulum strebte und sich mit seinem proximalen Teil über
die Ebene der Platte erhob, was zur Folge hatte, daß er mit
der Gegenplatte verloren ging. Das nach der rechten Seite der
Platte, also ventralwärts gerichtete Femur verschwindet mit
seiner proximalen Hälfte unter dem Becken in der Tiefe der
Platte und steht jedenfalls mit dem linken Acetabulum noch
in Verbindung. Man würde es herauspräparieren können, wenn
man das Becken abtragen würde. Die auf der linken Seite der
Platte liegende hintere Extremität ist also die rechte, die auf
der rechten Seite liegende die linke, wie ich es festgestellt hatte!

Ähnlich ist es auch bei den vorderen Extremitäten. Zu dem
auf der linken Seite der Platte, also dorsalwärts liegenden Flügel
gehört ein Humerus, der ganz oberflächlich über dem vorderen
Teil der Rückenwirbelsäule lag, so daß er deren Neurapophysen
bedeckte. Der Knochen des Humerus selbst ist mit der Gegenplatte zum größten Teil beseitigt, so daß für seinen ganzen

proximalen Teil nur noch eine seichte Mulde die Stelle bezeichnet, wo er lag. Der Boden dieser Mulde zeigt deutlich die Spuren der Neurapophysen, die also unter dem Humerus lagen, nicht über ihm, wie es P. gesehen haben will. Dieser Humerus befand sich noch ungefähr an der gleichen Stelle, die er im Leben eingenommen hatte, parallel zur Rückenwirbelsäule auf deren rechter Seite. Es ist zweifellos der Humerus des rechten Flügels, der dorsalwärts sich ausgebreitet hat.

. Der andere, der linke Flügel ist die einzige Extremität, die sich mit dem entsprechenden Teil des Schultergürtels aus der natürlichen Lage etwas verschoben hat und zwar ventral- und caudalwärts. Wo sie aber von anderen Skeletteilen überkreuzt wird, liegt sie stets unter diesen. Schon daraus läßt sich mit größter Wahrscheinlichkeit schließen, daß es der linke Flügel ist, der auch natürlich zu unterst liegen mußte. So liegt der rechte Ober- und Unterarm über den Fingern der linken Hand, der Kopf bzw. das linke Dentale und Maxillare über dem linken Flugfinger, die linke Tibia über dem linken Ober- und Unterarm. Petronievics gibt nun auch von der Tibia und dem Dentale merkwürdigerweise gerade das Gegenteil an. Die fehlenden Skeletteile sind die oberflächlich gelegenen, die mit der Gegenplatte abhanden gekommen sind und höchstens noch seichte Mulden hinterlassen haben, in denen sie einstens lagen, so ein Teil des rechten Femur und des rechten Humerus mit dem ganzen rechten Schultergürtel, die letzten Halswirbel, die linke Tibia und fast der ganze Kopf.

Die Extremitäten liegen so, wie wenn das Tier mit ausgebreiteten Extremitäten auf dem Rücken lag und dann nur Rumpf und Kopf sich auf ihre linke Seite gedreht hatten. Füße und Hände liegen mit der Plantarfläche nach oben. So kommt es, daß an allen 4 Extremitäten die äußeren Finger und Zehen dem Rumpf abgewendet, Pollex und Hallux dem Rumpf zugewendet sind.

Ferner spricht Petronievics l. c., p. 217 von einem „Abdruck der Prämaxilla", die er als noch kürzer als die von mir rekonstruierte bezeichnet, und die ich übersehen haben soll. In der Tat liegt da, wo das Prämaxillare zu suchen wäre, eine auffallende, glatte, kantige Erhebung des Gesteins. Aber alle meine

Bemühungen, auch nur die Spur des Abdrucks von einem Knochen
daran zu finden, waren früher und sind jetzt noch vergeblich
geblieben. Es ist eben nur eine nicht genauer zu erklärende Un-
ebenheit der Platte, wie sie auch an anderen Stellen auftritt.
Aber daß man daraus auf die Form der Schnauze schließen
könnte, oder daß darauf ein Abdruck des Prämaxillare zu entdecken
wäre, davon kann gar keine Rede sein. Zwischen Maxillare und Prämaxillare müßte doch die Nasenöffnung sich finden, aber auch nicht
die leiseste Andeutung ihrer vorderen Grenze ist zu entdecken.
Der angebliche Abdruck des Prämaxillare existiert tatsächlich nicht.

Ich muß meine Rekonstruktion der Schnauze bzw. des
Prämaxillare immer noch für durchaus richtig halten, da sie auf
Grund sichtbarer Tatsachen von mir hergestellt worden ist.
Nachdem ich die nadelstichartigen Eindrücke der acht gleichweit
von einander entfernten Zahnspitzen der rechten Unterkieferhälfte entdeckt hatte, stand die Länge des bezahnten Teils des
Dentale fest. Ebenso lang mußte das Maxillare und das Prämaxillare zusammen sein. Etwa die Hälfte dieser Länge weist der
vorhandene Abdruck des Maxillare auf. Die gleiche Länge etwa
mußte daher auch das Prämaxillare haben. Sehr wahrscheinlich
besaßen sie zusammen ebenfalls auch die gleiche Zahl von acht
Zähnen, also das Prämaxillare vier, wie in der Regel bei den
Rhamphorhynchoidea.

Hier möchte ich noch die Bemerkung machen, daß es nicht
ausgeschlossen ist, daß das Maxillare von *Anurognathus* an der
Stelle, wo der Eindruck seines Knochens auf der Platte sein hin-
teres Ende erreicht, noch einen hintersten 5. Zahn besessen hat.
Denn ein schwacher Eindruck auf dem Gestein rührt möglicher-
weise von der Krone eines solchen Zahnes her. Es lassen sich
aber keine Spuren seiner Wurzel nachweisen oder solche, die auf
eine Verlängerung des Maxillare über diese Stelle hinaus hinweisen.

Über die Funktion der 5. Zehe kennt Petronievics nur zwei
Alternativen. Sie soll entweder zur Spannung der Flügelhaut oder
zur Spannung des Uropatagiums gedient haben. Auch Wiman 1928,
p. 365 (l. c.) behauptet: „Diese Funktion kann keine andere gewesen sein als das Uropatagium zu spannen“. Ich kann mir noch
eine 3. Möglichkeit denken, und nehme sie tatsächlich auch an:

Die 5. Zehe spannt weder die Flügelhaut noch ein Uropatagium und beteiligt sich nur an der die fünf Zehen des Hinterfußes verbindenden Fußflughaut. Ich kann mir sehr wohl vorstellen, daß der Hinterfuß bei *Anurognathus* gar nicht in Verbindung stand mit den anderen Flughäuten, sondern völlig frei und selbständig war. So konnte er mit seiner breiten, zwischen den fünf weit-gespreizten Zehen ausgespannten Flughaut ein äußerst wirksames Steuerorgan darstellen, das sowohl ein vortreffliches Höhen- wie Seitensteuer war und für plötzliche Wendungen im rasenden Flug mir besonders geeignet scheint. Gerade die ungewöhnlich lange 5. Zehe, die bereits von der Fußwurzel an abgespreizt war, trug zur Vergrößerung der Fußflughaut außerordentlich viel bei und konnte, da sie wahrscheinlich gegenüber dem übrigen Fuß sich sehr selbständig bewegen konnte, zur zweckmäßigen Einstellung dieses Fußsteuers sehr viel beitragen.

Auch B r o i l i [1]) 1927, p. 63 läßt bei seiner Rekonstruktion des *Rhamphorhynchus Gemmingi* die Hinterfüße mit ihrer Schwimm-oder Flughaut völlig frei wie bei Schwimmvögeln. Im Gegensatz zu *Anurognathus* spielt hier aber die 5. Zehe eine weniger bedeutende Rolle. Gern nehme ich übrigens die Ansicht von W i m a n 1928, p. 366 (l. c.) auch für *Anurognathus* an, daß die natürliche Stellung der Hinterfüße während des Fluges eine mehr vertikale war. Vgl. dazu auch W i m a n [2]).

Wenn P e t r o n i e v i c s (l. c., p. 222) das hohe Flugvermögen von *Anurognathus* bezweifelt, möchte ich doch die Frage auf-werfen, ob ihm dabei nicht die Tatsache zu denken gibt, daß bei *Anurognathus* keiner der drei langen Flügelknochen, die bei ihm bekannt sind, Humerus, Radius und 1. Phalange, an relativer Länge von irgendeinem der übrigen Pterosaurier übertroffen wird, und daß die Gesamtlänge dieser drei Knochen relativ beträchtlich größer ist als bei den besten anderen Fliegern unter den Ptero-sauriern. Läßt sich wohl aus dieser Tatsache ein anderer Schluß ziehen als der, den ich gezogen habe, daß nämlich *Anurognathus*

---

[1]) F. Broili, 1927 Ein Exemplar von *Rhamphorhynchus* mit Resten von Schwimmhaut. Sitzb. d. Bayer. Ak. d. Wiss., Jahrg. 1927, p. 29—48, Taf. 1—3 und 7, Fig. 2.

[2]) C. Wiman 1924, Über *Dorygnathus* und andere Flugsaurier. Bull. of the Geol. Instit. of Upsala, Vol. 19, p. 23—54, Taf. 1—2.

ein ungewöhnlich hohes Flugvermögen besessen haben muß? Und dazu kommen noch die besonders mächtigen Steuervorrichtungen an beiden Hinterfüßen!

Gegenüber einigen Angaben von Petronievics auf p. 218 möchte ich noch feststellen, daß auch bei *Pterodactylus* die vordersten Rippen zweiköpfig sind. Wenigstens bei *Pt. Kochi* und *Pt. dubius* kann man das einwandfrei beobachten.

Ferner gibt es nach meiner Erfahrung keinen Unterschied zwischen den verschiedenen Pterosauriern bezüglich der Zusammensetzung ihrer Bauchrippen. Diese bestehen stets aus einem winkelförmig geknickten Mittelstück, dem sich jederseits ein stabförmiges Seitenstück anschließt. So ist es bei *Pterodactylus* und *Anurognathus* und nicht anders bei *Rhamphorhynchus*. Allerdings wissen manche Autoren Bauchrippen (Gastralia) und wirkliche Rippen nicht recht zu unterscheiden, da sie auf den Platten gewöhnlich durcheinander liegen, obwohl es ganz heterogene Bildungen sind. Die Bauchrippen stellen den Rest des ursprünglichen Schuppenkleides, des Bauchpanzers der Stegocephalen, dar und überdecken die unter ihnen liegenden Rippen. Sie sind stets ganz solid, während die Rippen der Pterosaurier pneumatische Räume oder wenigstens spongiöse Struktur zeigen. Die einzelnen Teile der Bauchrippen enden gern mit einer scharfen Spitze, während die Rippen in der Regel ein abgerundetes oder abgestutztes distales Ende zeigen. Die merkwürdigen gezackten Platten, die man bei *Rhamphorhynchus* beobachtet, stellen die schwach verknöcherten distalen Endstücke der hinteren Rippen dar.

Der Carpus bei Pterosauriern.

Nach dem Abschluß meines Manuskripts erhielt ich Kenntnis von dem eben erschienenen Bericht von Professor Achille Salée[1]) in Löwen über *Dorygnathus*. Salée bespricht darin ausführlich den Bau des Carpus von *Dorygnathus* und anderen Pterosauriern. Er kommt dabei zu dem Ergebnis, daß bei sämtlichen Rhampho-

---

[1]) Achille Salée 1928, L'exemplaire de Louvain de *Dorygnathus banthensis* Theodori sp. Mémoirs de l'Institut géologique de l'Université de Louvain, Tome 4, p. 289—341, Taf. 12.

rhynchoidea, deren Carpus bekannt ist, dieser aus 4 Elementen zusammengesetzt ist, nämlich:

Ein einziges großes proximales Carpale 1 mit Gelenk für Radius und Ulna.

Ein großes distales Carpale 2 für das mächtige Metacarpale des Flugfingers.

Ein kleineres distales Carpale 3 auf der radialen Seite, das die 3 Krallenfinger trägt und an C 1 und C 2 grenzt, aber den Radius nicht berührt.

Ein weiteres kleines distales Carpale 4 auf der ulnaren Seite, das an C 1, C 2 und das große Metacarpale grenzt.

Das Pteroid grenzt an C 1 und C 3.

Salée behauptet ferner, daß auch bei sämtlichen Pterodactyloidea nur ein einfaches großes Carpale in der proximalen Reihe nachgewiesen ist.

Daß mit diesen Angaben von Salée meine Angaben (1923, p. 137, Fig. 6) über den Carpus von *Anurognathus* nicht ganz übereinstimmen, wäre leicht zu verstehen, da auf der Originalplatte von *Anurognathus* die Carpalia selbst gar nicht mehr vorhanden sind, sondern nur die schwachen Eindrücke der dorsalen Oberfläche des linken Carpus sich erkennen lassen. Danach (Fig. 11) ist von Salée's C 4 bei *Anurognathus* überhaupt nichts zu sehen. In der proximalen Reihe glaubte ich aus einer nur bei geeigneter Beleuchtung erkennbaren schwachen Leiste auf eine Naht schließen zu dürfen, die statt eines einzigen proximalen Carpale (C 1 nach Salée) deren zwei Komponenten, ein Radiale und Ulnare vermuten ließ. Die sehr geringe Länge dieser beiden innig verbundenen Carpalia brachte ich auch in meiner Figur 6 zum Ausdruck. Diese Darstellung ist auch zweifellos richtig, wenn auch auf der Originalplatte der ganze Knochen eine größere Länge zeigt. Denn hier wird außer der sehr kurzen Dorsalfläche der beiden Komponenten auch ihre hohe distale Gelenkfläche (mit dem distalen C 2) zum großen Teile sichtbar. Ob die Trennung des Radiale vom Ulnare wirklich bei meinem Exemplar bestand, darüber läßt sich natürlich etwas Bestimmtes nicht aussagen. Im übrigen gibt meine Figur das, was vom Carpus des *Anurognathus* erkennbar ist, ganz richtig wieder.

Ich suchte nun an den Exemplaren von *Rhamphorhynchus*
in der Münchner Sammlung über den Bau des Carpus Aufschluß zu erhalten. Für *Rh. Gemmingi* erlaubte aber nur der bereits von Plieninger[1]) 1901, p. 72 abgebildete, von Salée p. 315,
Fig. 12 wiedergegebene Carpus von Leik's Exemplar (Nr. 1885)
einige sichere Beobachtungen (Fig. 14). Ich
möchte daraus schließen, daß das große, angeblich einheitliche, proximale Carpale tatsächlich
durch eine Naht in ein Radiale und Ulnare getrennt ist. Auf der radialen Seite ist ein kleines
distales Carpale (C 3 nach Salée) sehr deutlich,

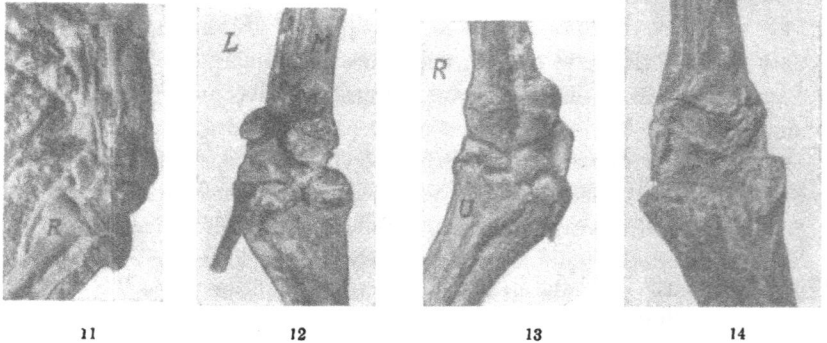

11   12   13   14

Fig. 11. Linker Carpus von *Anurognathus Ammoni* × 2. R = Radius, M = Metacarpus des
Flugfingers.
Fig. 12 u. 13. Linker (L) und rechter (R) Carpus von *Rh. longicaudus*, Zittel's Exemplar (Taf. 11) × 4
U = Ulna, M = Metacarpus des Flugfingers.
Fig 14. Carpus von *Rhamphorhynchus Gemmingi* (Leik's Sammlung) × 1.3.

an das sich proximal das kurze Pteroid anschließt. An C 3 stößt
unmittelbar das große distale Carpale des Flugfingers (C 2). Auf
dessen ulnarer Seite sind aber die Verhältnisse so unübersichtlich
durch Brüche und das Dazukommen darunterliegender anderer
Knochen, daß ein einwandfreies Bild sich hier nicht gewinnen läßt.

Dagegen zeigt das von Zittel 1882 (Taf. 11) beschriebene
Exemplar von *Rh. longicaudus* trotz seiner geringen Größe ein
sehr übersichtliches Bild des ganzen Carpus (Fig. 12 u. 13), das sich

[1]) F. Plieninger 1901, Beiträge zur Kenntnis der Flugsaurier. Palaeontographica, Bd. 48, p. 65–90, Taf. 4–5.

allerdings ganz anders darstellt, als es die Figur von Arthaber[1]) 1919 (p. 44, Fig. 30) und Salée (Fig. 15) vermuten läßt. Sowohl der rechte wie der linke Carpus zeigen deutlich und übereinstimmend den gleichen Bau, wenn auch die Größe der einzelnen Knochen entsprechend der verschiedenen Lage der beiden Handwurzeln einige Verschiedenheit aufweist. An beiden Händen ist der proximale Teil des Carpus ganz übereinstimmend und zweifellos durch zwei wohlgetrennte Carpalia dargestellt, ein gesondertes Radiale und ein Ulnare. Auf der radialen Seite findet sich zwischen dem Radiale und den drei kleinen Metacarpalia ein größeres Carpale (C 3 nach Salée), das proximal das Pteroid, distal aber noch ein besonderes kleines Carpale trägt. Zwischen Ulnare und dem Metacarpale des Flugfingers liegt das große distale Carpale (C 2 nach Salée). Von Salée's C 4 ist aber auf der ulnaren Seite keine Spur vorhanden weder am rechten noch am linken Carpus.

Auch an den Exemplaren von *Pterodactylus* der Münchner Sammlung konnte ich genaue Beobachtungen über den Bau des Carpus machen. Das von H. v. Meyer 1860 beschriebene und Taf. 3, Fig. 1 abgebildete Exemplar von *Pt. Kochi* zeigt (Fig. 15) einen sehr gut erhaltenen Carpus (vgl. Plieninger 1901, Taf. 4 und Arthaber[1]) p. 45, Fig. 31 u. 32). Hier nimmt ein anscheinend einheitliches proximales Carpale die ganze Breite der Enden von Radius und Ulna ein, ohne daß noch ein sicheres Anzeichen zu finden ist, daß es aus 2 Elementen verwachsen ist. Die distale Reihe der Carpalia besteht aus drei ansehnlichen Knochen nebeneinander, von denen der größte auf der ulnaren Seite den Flugfinger trägt, der mittlere die kleineren Finger; der äußerste auf der radialen Seite trägt proximal das Pteroid.

Sehr ähnlich ist auch der Bau des Carpus an beiden Extremitäten des schon von Collini und Cuvier, dann auch von H. v. Meyer 1860, p. 28, Taf. 2, Fig. 1 beschriebenen Exemplars von *Pt. longirostris*, wo er beiderseits ganz vorzüglich erhalten ist (Fig. 16 u. 17). Aber im Gegensatz zum Carpus von *Pt. Kochi* besteht hier die proximale Reihe der Carpalia aus zwei sehr deutlich von

---

[1]) G. Arthaber 1919, Studien über Flugsaurier auf Grund der Bearbeitung des Wiener Exemplars von *Dorygnathus banthensis*. Denkschr. d. Akad. d. Wiss. Wien. Math.-Nat. Kl. Bd. 97, p. 1—74, Taf. 1—2.

62   L. Döderlein

einander getrennten Knochen, die dem Radiale und Ulnare entsprechen. Die distale Reihe zeigt auch hier jederseits 3 Carpalia

sehr deutlich, die an der linken Extremität
sich übersichtlich neben einander in ziemlich
natürlicher Anordnung zeigen, wobei das
Carpale des Flugfingers als das größte erscheint. Die Anordnung erinnert ganz an die
bei *Rhamphorhynchus longicaudus* (s. o.). Das
Pteroid ist seitlich verschoben. An der rechten
Extremität sind zwei große distale Carpalia noch
in ursprünglicher Verbindung mit den Metacarpalia. Ein kleineres drittes Carpale dürfte
verschoben sein, ebenso das Pteroid. Sie
grenzen jetzt an die beiden Seiten des Flug-
fingercarpale.

Fig. 15. Linker Carpus von
Pterodactylus Kochi, H. v.
Meyer's Exemplar (Taf. 3,
Fig. 1). U = Ulna, M =
Metacarpus des Flugfingers.
× 2.3.

Gegenüber der Angabe von Salée, daß
bei sämtlichen Pterosauriern ein · einziges
größeres Carpale die proximale Reihe des

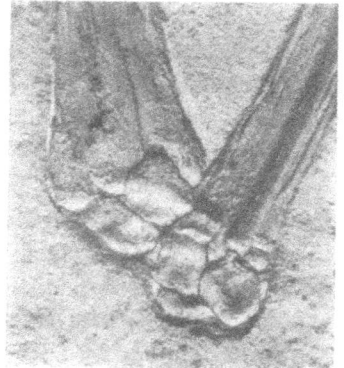

Fig. 16 (l)   Fig. 17 (r)
Fig.16 u.17.   Rechter (r) und linker (l) Carpus von *Pterodactylus longirostris*, Collinis Exemplar. × 3.

Carpus darstellt, zeigen also meine Beobachtungen, daß es sowohl
bei *Rhamphorhynchus* wie bei *Pterodactylus* Arten gibt, bei denen
Radiale und Ulnare noch vollständig voneinander getrennt sind.
Daneben gibt es offenbar Arten, bei welchen man die ursprüngliche Trennung der beiden Knochen mit Mühe noch äußerlich

nachzuweisen vermag, indem noch Spuren von Nähten sichtbar sind. Dazu gehört wohl auch *Anurognathus*. Andere Arten zeigen die beiden Knochen vollständig verwachsen, wie es Salée bei *Dorygnathus* fand.

In der distalen Reihe finden sich stets zwei größere Carpalia nebeneinander, die die Metacarpalia tragen. Das der radialen Seite kann distal noch ein kleineres Carpale tragen, proximal schließt das Pteroid hier an.

Tafelerklärung

Tafel IV. *Anurognathus Ammoni* Död. aus dem lithograph. Schiefer von Franken. Linke Seite der Platte mit Rumpf und rechten Gliedmaßen. × 1.5.

Tafel V. *Anurognathus Ammoni*. Rechte Seite der Platte mit Kopf, Rumpf und linken Gliedmaßen. × 1.5

Ein Pterodactylus mit Kehlsack und Schwimmhaut.

Von **Ludwig Döderlein** in München.

Mit Tafel III, unten und mit 7 Textfiguren.

Vorgetragen in der Sitzung am 15. Dezember 1928.

In einer seiner Schriften über Flugsaurier erwähnt v. Stromer[1]) 1913, p. 51, daß ihm „Professor v. Ammon den Kopf und Hals eines langschnauzigen *Pterodactylus* zeigte, an welchem Teile der Haut erhalten sind, dabei anscheinend ein Kehlsack". Einige Zeit vor seinem Tode übergab mir Herr Oberbergdirektor Ludwig v. Ammon dieses interessante Stück, eine Platte aus dem lithographischen Schiefer von Solnhofen, mit der Bestimmung, daß sie später der Paläontologischen Staatssammlung in München einverleibt werden soll.

Auf dieser Platte (Taf. 3, Fig. 2) sind Kopf und Hals eines *Pterodactylus* in seitlicher Lage in tadellosem Zusammenhang, noch deutlich von den Resten der Weichteile umgeben, zu sehen. An sie anschließend finden sich noch weitere fast unbestimmbare, in Kalkspat umgewandelte Skelettreste vor, die dem folgenden Teil der Wirbelsäule und z. T. wenigstens dem Schultergürtel und dem Humerus angehören dürften. Dahinter ist die Platte leider abgebrochen. Dagegen ist isoliert davon noch der rechte Hinterfuß von der Plantarseite in ganz ausgezeichnetem Zustand mit seinen Weichteilen auf der Platte vorhanden.

Der Schädel, der in seiner ganzen Länge erkennbar ist, mißt von der Schnauzenspitze bis zu seinem Hinterrand 84 mm, der ebenfalls vollständige Unterkiefer hat eine Länge von 70 mm. Im übrigen sind beide nur lückenhaft erhalten. Hinter der Orbita ist der Ausguß der Gehirnkapsel sichtbar in Gestalt einer glatten,

---

[1]) E. v. Stromer 1913, Rekonstruktionen des Flugsauriers *Rhamphorhynchus Gemmingi* H. v. M. Neues Jahrb. f. Min., Geol. u. Pal., Jahrg. 1913, Bd. 2.

in der Mitte etwas eingeschnürten, birn- oder krallenförmigen
Anschwellung. Von Zähnen (Fig. 18) sind oben wie unten je zwölf
in einer Reihe gut zu erkennen. Auf der linken Unterkieferhälfte
stehen sie in regelmäßigen Abständen, vorn etwas gedrängter als
hinten, und nehmen von der Schnauzenspitze an eine Strecke von
30 mm ein. Diese Unterkieferzähne stehen sämtlich aufrecht, die
vorderen sind schlanker mit kreisrundem Querschnitt, weiter hinten

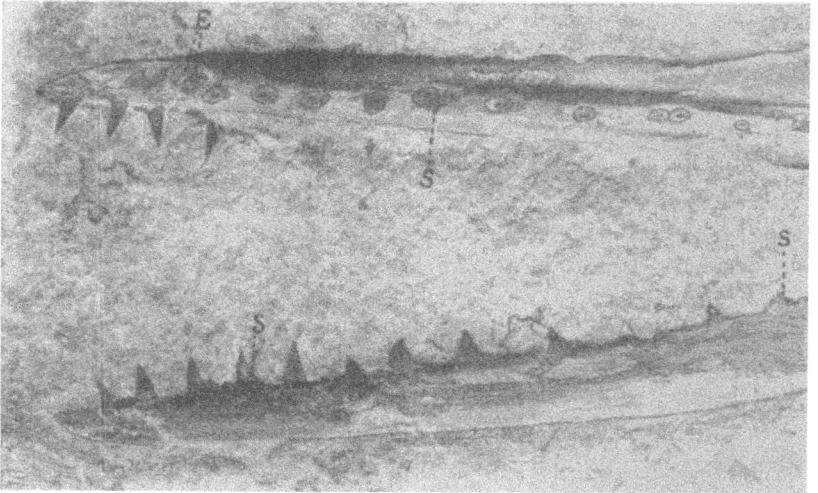

Fig. 18. Bezahnung des Ober- und Unterkiefers von *Pterodactylus cormoranus* n. sp. Die Zähne
sind z. T. ergänzt. Die vier vollständigen oberen Zähne sind die der rechten Seite, die ab-
gebrochenen übrigen die der linken Seite. E = zwei noch nicht durchgebrochene Ersatzzähne,
S = Spitzen von Ersatzzähnen. × 3.2.

werden sie plumper, und ihr ovaler Querschnitt wird allmählich
etwa doppelt so lang als breit. Die hintersten sind kleiner und
niedriger als die vorderen; es ist unwahrscheinlich, aber nicht ganz
ausgeschlossen, daß die Zahnreihe sich nach hinten noch etwas
fortsetzt. Die ganze Bezahnung entspricht der von *Pt. Kochi*, die
Zähne sind aber entschieden schwächer. Auch über den Zahn-
wechsel gibt das Stück Aufschluß, indem sowohl oben wie unten
unmittelbar hinter einem der großen Zähne die Spitze eines neuen
Zahnes sichtbar wird, die sich innig an jenen Zahn anlegt, dessen
halbe Höhe sie erreicht. Die oberen Zähne in gleicher Gestalt und
gleicher Ausdehnung sind meist an ihrem Alveolarrand abgebrochen

und lassen eine ziemlich weite Pulpahöhle erkennen. Über dem
3. u. 4. oberen Zahn sind deutlich noch drei Ersatzzähne in horizontaler Lage sichtbar, die noch völlig vom Knochen umschlossen sind.

Von den Halswirbeln ist der 2. zur Hälfte abgebrochen und
nicht scharf von dem kurzen Atlas zu unterscheiden. Zusammen
haben die beiden eine Länge von 4.5 mm. Ebenso viel beträgt
auch die Höhe des Epistropheus. Der 3. Halswirbel ist 10 mm
lang und 4.5 mm hoch. Die folgenden vier Wirbel sind 13,
14, 13, 11 mm lang und 5 mm hoch. Ihr ventraler Rand ist
konkav, besonders stark der des letzten, ihr dorsaler Rand mit
wenig ausgesprochenen Neurapophysen leicht konvex. Diese fünf
verlängerten Halswirbel bilden einen nach oben offenen halbkreis-
förmigen Bogen. Die folgenden Wirbel sind wahrscheinlich 11,
6, 5, 5, 5 mm lang, ihre Umrisse aber nicht sicher festzustellen.
Sie liegen in der fast geraden, dorsal wenig konvexen Fortsetzung
des 7. Halswirbels. Der Schädel bildet mit den drei ersten Halswirbeln einen etwas mehr als rechten Winkel.

Sehr klar sind die Eindrücke der beiden feinen stabförmigen
Zungenbeine zu erkennen, die etwas hinter dem Unterkiefergelenk
beginnen, nach vorn konvergieren und in einer Länge von 15 mm
sichtbar sind. Ihre Copula ist nicht mehr zu beobachten.

Von ganz besonderer Merkwürdigkeit ist nun bei diesem
Exemplar die wunderbare Erhaltung von Spuren ihrer Weichteile im ganzen Bereich des Halses und der Unterseite des
Kopfes. In überraschender Deutlichkeit sind die Umrisse des
ganzen Halses sichtbar bis zum Ende der Platte, wo die Bauch-
seite des Rumpfes zu erwarten wäre. Diese Umrisse, die sowohl
ventral wie dorsal von der Halswirbelsäule zu erkennen sind,
ergeben eine Dicke, bzw. Höhe des Halses von 13—16 mm. Die
Weichteile sind dargestellt durch eine ziemlich glatte Fläche von
gelblicher Farbe, die von der umgebenden mehr grauen und viel
rauheren Oberfläche des Gesteins durch eine schwache, aber
meist recht deutliche Furche abgegrenzt ist. Dorsal beginnen
ihre Umrisse am Hinterhaupt und verschwinden nach dem
7. Halswirbel. Sie sind über dem 4. und 5. Halswirbel am weitesten
von den Wirbeln entfernt. Ventral vom 6. und 7. Halswirbel
entfernen sie sich sehr weit von diesen. Unter dem 5. Halswirbel
sind sie diesem sehr genähert, entfernen sich aber nach vorn

5*

immer weiter von den Wirbeln, bis sie ventral von der
Schädelbasis 15 mm Abstand haben. Unterhalb des Unterkiefer-
gelenks und weiter nach vorn hat sich offenbar die dünne, glatte,
gelbliche Schicht, die die Weichteile darstellt, abgelöst, so daß die
rauhe Oberfläche des Gesteins sichtbar wird, die hier eine Ein-
buchtung macht. Gegen die Mitte des Unterkiefers zu tritt aber
diese gelbliche glatte Schicht wieder in einer Breite von 7—8 mm
auf, um in einer Entfernung von 35 mm hinter der Spitze des
Unterkiefers ganz zu verschwinden.

Es kann nun kaum ein Zweifel sein, daß diese so angedeu-
teten Weichteile auf eine anscheinend völlig nackte Haut schließen
lassen, die den Hals dieses *Pterodactylus* allseitig umgab und so
auch wenigstens ventral auf den Rumpf überging. Die starke
ventrale Ausbreitung dieser nackten Haut unterhalb des hinteren
Teils des Kopfes läßt nun, wie schon v. Stromer richtig erkannt
hat, in der Tat auf das Vorhandensein eines wohlausgebildeten
Kehlsacks schließen, wie er z. B. beim Kormoran und in besonders mächtiger Ausbildung beim Pelikan bekannt ist. Allerdings
bedeutet dieser sogenannte Kehlsack nichts weiter als eine sehr
ausdehnbare weiche und nackte Kehlhaut unter dem Schlund,
die den Durchgang von verhältnismäßig sehr großen Bissen gestattet, aber keinen eigentlichen abschließbaren Sack bildet, der
etwa zur längeren Aufbewahrung und Vorverdauung von Beute-
tieren dient wie der Kropf. Er spannte sich zwischen den beiden
Unterkieferästen aus, wo er sofort hinter deren Symphyse begann, und
erstreckte sich bis zum Ende des 3. Halswirbels. Die Unterbrechung
unter dem Ende des Unterkiefers, die der Kehlsack bei unserem Fossil
zeigt, ist sicher nur auf eine gewaltsame Entfernung der betreffenden
gelblichen Schicht zurückzuführen. Es wäre ja sonst auch kaum zu
erklären, daß das vordere Ende der Zungenbeine mit der Copula
gerade an dieser Stelle aus der Haut hervorragt, von der sie
doch eingeschlossen sein müßten, wenn die Kehlhaut in ihrer
ganzen Ausdehnung noch unverletzt vorhanden wäre.

Auch über der Stirn oberhalb der Orbita zeigen sich
unverkennbar ähnliche Reste von Weichteilen wie unter dem
Unterkiefer, doch in viel geringerer Ausdehnung. Man kann an
dieser Stelle einen fleischigen, hahnenkammartigen Auswuchs
annehmen. Er hatte aber jedenfalls eine größere Ausdehnung

als es die spärlichen Reste anzeigen. Vermutlich bildet auch hier
eine schwache Furche, die um diese Stelle sich herumzieht, die
Grenze, bis wohin dieser Kopfschmuck sich erstreckte.

Die Lebensweise und Ernährung der Flugsaurier rückt durch
diese Beobachtung in ein besonderes Licht. Wo wir bei Vögeln
einen derartig umfangreichen Kehlsack antreffen, handelt es sich
wohl stets um ausgesprochene Fischfresser, die verhältnismäßig
große Fische erbeuten und verschlucken können und vielleicht
in ihrem Kehlsack ein Magazin besitzen zur ganz vorübergehenden
Aufspeicherung der Beutetiere, was auch bei Fütterung der Jungen
diesen zugute kommen mag. Nachdem durch den Nachweis einer
haarartigen Körperbedeckung bei den Flugsauriern deren Warm-
blütigkeit sehr wahrscheinlich gemacht ist, dürfen wir uns ja
auch mit dem Gedanken vertraut machen, daß eine Brutpflege
bei ihnen notwendig war.

Daß der Kehlsack bei unserem Exemplar bei seinem Tode
nicht ganz leer war, läßt sich daraus schließen, daß der vordere
unter dem Unterkiefer gelegene Teil eine auffallend ebene Beschaffenheit zeigt gegenüber dem hinteren, vor den Halswirbeln
gelegenen Teil, dessen höckerige Beschaffenheit auf einen festeren
Inhalt schließen läßt. Ob diese Beschaffenheit nur von den an
dieser Stelle befindlichen inneren Organen (Trachea) herrührt,
oder ob sie durch darin noch vorhandene Nahrung hervorgerufen
ist, läßt sich nicht feststellen.

Neben Kopf und Hals läßt unsere Platte aber auch noch
in fast tadelloser Erhaltung den rechten Hinterfuß des *Pterodactylus* von der Unterseite erkennen (Fig. 19). Die fünf Zehen,
die teils als Knochen, teils als deren Abdrücke vorliegen,
bieten nur eine Bestätigung dessen, was bisher darüber bekannt
war. Auch hier sind die Metatarsen der 1. wie der 4. und 5. Zehe
bedeutend kräftiger wie die der 2. und 3. Zehe. Der Metatarsus
der 5. Zehe schiebt sich mit seinem proximalen Ende kulissen-
artig über das des 4. Metatarsus und dieses ebenso über das des
3. Metatarsus, während auf der anderen Seite der Metatarsus
der 1. Zehe den der 2. Zehe etwas überlagert. Dann möchte ich
hier ausdrücklich hervorheben, daß auch dieses Exemplar nur
eine einzige Phalange an der 5. Zehe aufweist, wie ich das bei

sämtlichen anderen Exemplaren von *Pterodactylus*, die die Münchner
Staatssammlung besitzt, ausnahmslos feststellen konnte, soweit sie
überhaupt eine derartige Beobachtung erlauben. Die Krallenphalangen sind bei unserem Exemplar nur bei der 1. Zehe in voller Länge

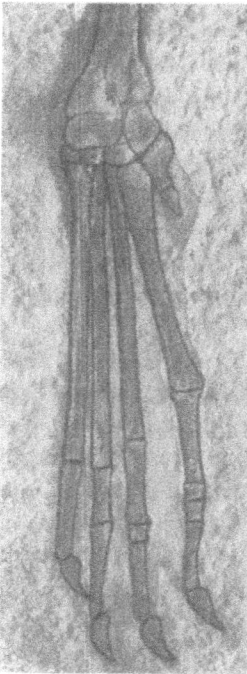

Fig. 19. Rechter Hinterfuß von
Pterodactylus cormoranus n. sp.
× 2.7.

zum Ausdruck gekommen, da sie auf der Seite
liegt, bei den drei nächsten Zehen ist nur
der Abdruck des proximalen Teils zu sehen.
Sie mußten jedenfalls größer gewesen sein,
als unser Exemplar es noch zeigt, und ihre
Spitzen blieben offenbar in der Gegenplatte.
    Sehr schön ist bei diesem Exemplar
der Tarsus erhalten (Fig. 19). Mir ist kein
Exemplar von *Pterodactylus* bekannt, bei
dem die Tarsalia noch so übersichtlich in
ihrem ursprünglichen Zusammenhang zu
beobachten sind. Mit dem distalen Ende
der Tibia so innig verbunden, daß die
Nähte nur noch schwierig erkennbar sind,
finden sich nebeneinander zwei große Knochen, das Tibiale und das Fibulare. Beim
Fibulare ist durch Kalkkonkretionen sein
äußerer Rand, sowie seine Verbindung mit
dem ebenfalls deformierten Ende der Tibia
unkenntlich, sodaß an diesen Stellen seine
Umrisse nicht festzustellen sind. Die des
großen und breiten Tibiale sind dagegen
völlig klar. An seine distale Fläche grenzen
die drei kleineren Tarsalia der distalen Reihe,
von denen die zwei kleineren die 1. und 2. Zehe tragen. Das
größere 3. trägt die 3. und 4. Zehe und schiebt sich mit einem
dreieckigen Fortsatz etwas zwischen das Tibiale und Fibulare
hinein. Ob dieser Fortsatz ein von dem 3. Tarsale gesondertes
Knöchelchen darstellt (Centrale), wie eine schwache Furche an-
deuten könnte, ist mir recht unwahrscheinlich. Das sehr breite
Metatarsale der 5. Zehe grenzt mit einer breiten Fläche direkt
an das Fibulare. Ganz ähnlich hat bereits Wiman (1925, p. 29,
Fig. 30) den Tarsus seines *Pt. Westmanni* beschrieben. Er fand
die drei distalen Tarsalia von gleicher Größe.

Von dem bei Wiman erwähnten Tarsus des von Zittel beschriebenen und (1882, Taf. 13, Fig. 1) abgebildeten Exemplars von *Pt. Kochi* gebe ich beistehende photographische Aufnahme der beiden Füße (Fig. 20), bei denen jedoch die Deutung der einzelnen Tarsalia Schwierigkeiten macht. Viel besser ist der Tarsus bei dem auch sonst so vortrefflich erhaltenen Collinischen (Cuvier) Exemplar von *Pt. longirostris* (Fig. 21) zu übersehen, das H. v. Meyer (Taf. 2, Fig. 1) abgebildet hat. Hier liegen dieselben

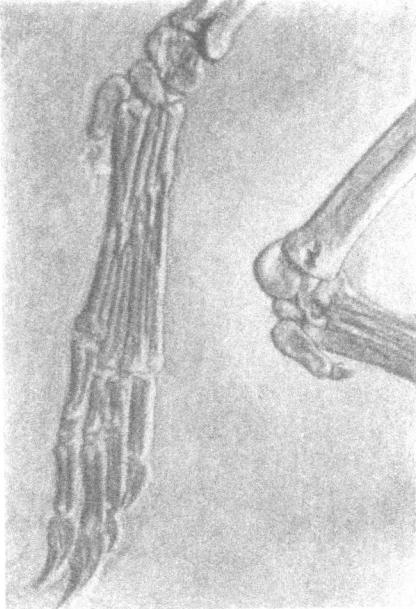

Fig. 20. Zwei Hinterfüße von *Pterodactylus Kochi*. Zittel's Exemplar (Taf. 13, Fig. 1). × 2.7.

Fig. 21. Linker Tarsus von *Pterodactylus longirostris*. Collini's Ex. × 3.

fünf Tarsalia sehr deutlich vor, die drei der distalen Reihe sind aber stark verschoben, und die Metatarsalia überdecken sich derartig, daß über den ursprünglichen Zusammenhang nichts sicheres zu entnehmen ist. Die beiden proximalen Tarsalia befinden sich an ihrer Stelle, was zeigt, daß sie in innigerem Zusammenhang mit der Tibia stehen.

Sodann kann ich von *Rhamphorhynchus Gemmingi* einen ganz vortrefflich erhaltenen Fuß abbilden (Fig. 23). Er gehört zu dem Leik'schen Exemplar (Nr. 1885) der Münchner Sammlung, das auch den schon mehrfach beschriebenen und abgebildeten Carpus

zeigt. Hier liegt in tadellosem Zusammenhang der ganze Tarsus
von der dorsalen Seite vor. Er zeigt ebenfalls sehr deutlich die
fünf Tarsalia, aber alle fünf Elemente von nicht sehr verschiedener
Größe. Hier wird das 1. Metatarsale außer von dem 1. distalen
Tarsale noch von dem Tibiale getragen, das 2. Metatarsale vom
2. distalen Tarsale, das 3. und
4. Metatarsale vom 3. distalen
Tarsale, das auch noch vom
5. Metatarsale umfaßt wird.
Von letzterem ist aber nur
eine schmale Kante sichtbar

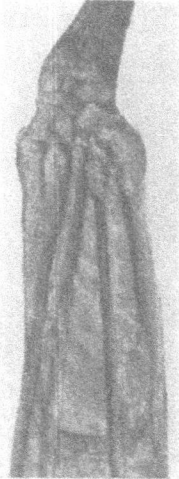

Fig. 22. Rechter Hinterfuß
von *Rhamphorhynchus Gem-
mingi*, Zittel's Exemplar
(Taf. 12, Fig. 2). × 2.6

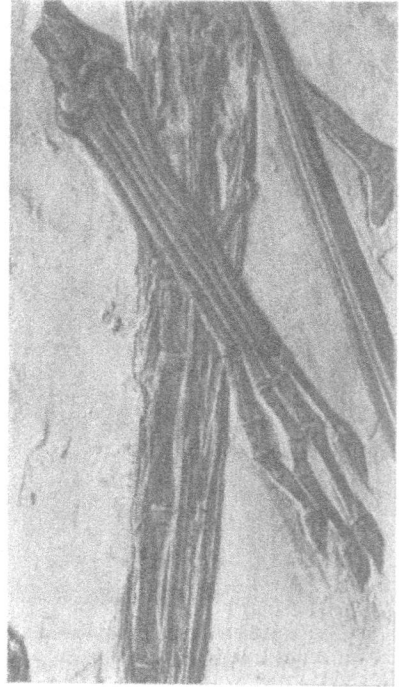

Fig. 23. Rechter Hinterfuß von *Rhamphorhynchus Gemmingi* (Leik's Sammlung). × 1.3.

und nicht zu erkennen, ob es auch noch das Fibulare erreicht
Die Verhältnisse sind aber auch hier denen von unserem *Ptero-
dactylus* sehr ähnlich. Tibiale und Fibulare sind gut zu erkennen.
An diesem Exemplar ist auch die fünfte Zehe mit ihrer gebogenen
Endphalange sehr gut sichtbar, die unterhalb der vier anderen
Zehen liegt und diese kreuzt.

   Ein ähnliches Bild zeigt auch der Tarsus des berühmten
Zittel'schen Exemplars (1882, Taf. 12, Fig. 2) von *Rh. Gemmingi*,

von dem ich ebenfalls eine photographische Aufnahme hier mitteile (Fig. 22). Doch sind hier die Verhältnisse viel schwieriger zu überblicken, da einige Deformationen vorliegen. So ist auf jeden Fall das Fibulare entstellt, so daß es aus vier getrennten Teilen zu bestehen scheint, von denen eines den Eindruck eines Centrale macht. Auch die Grenzen zwischen Metatarsalia und Tarsalia sind z. T. recht unsicher festzustellen.

Bei dieser Abbildung des Zittel-schen Exemplars muß ich besonders darauf aufmerksam machen, daß die gekrümmte Endphalange der 5. Zehe nicht, wie es gewöhnlich dargestellt wird, über der 2. und 3. Zehe liegt, sondern, wie an dem Original unzweideutig zu sehen ist, von allen übrigen Zehen überkreuzt und bedeckt war. Sie hatte genau die gleiche Lage zu den anderen Zehen wie bei dem schönen Leik'schen Exemplar (Fig. 23), wo sie ganz unzweideutig ventral unter allen übrigen Zehen liegt, von denen sie gekreuzt wird. Diese 5. Zehe war aber bei *Rhamphorhynchus*, wie das auch Broili (1927, p. 42) ausführte, zweifellos unabhängig von den vier übrigen Zehen beweglich in einer anderen Ebene wie diese. Ich nehme an, daß sie auch bei *Rhamphorhynchus*, wie ich das für *Anurognathus* als wahrscheinlich halte, dazu diente, die Schwimm- oder Flughaut der Hinterfüße zu spreizen und, weil das in

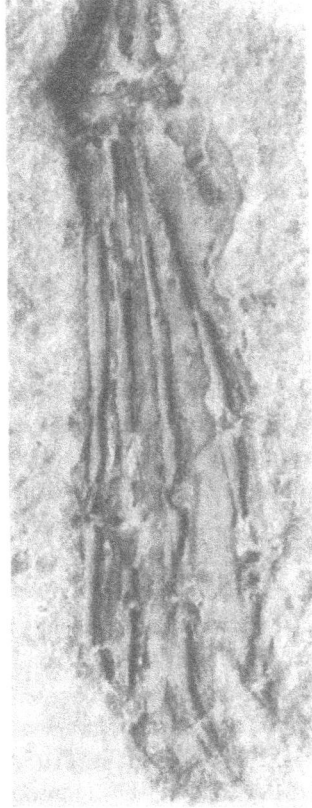

Fig. 24. Rechter Hinterfuß von *Pterodactylus cormoranus* n. sp., mit Schwimmhaut. $\times$ 3.

einer anderen Ebene geschehen konnte wie bei den übrigen Zehen, dadurch deren Steuerfähigkeit beim Flug außerordentlich zu erhöhen. Den langen Schwanz mit seinem vertikalen Endsegel bei *Rhamphorhynchus* halte ich wohl für einen vorzüglichen, auch zum Steuern geeigneten Propeller beim Schwimmen im Wasser,

veranschlage aber seine Brauchbarkeit als Steuer beim Flug in
der Luft gar nicht sehr hoch. Diese langschwänzigen Formen
hatten dafür einen ganz vorzüglichen Steuerapparat an ihren mit
Flughaut versehenen Hinterfüßen, der durch die selbständige Be-
wegbarkeit der großen 5. Zehe gerade für diesen Zweck besonders
gut ausgebildet war.

Der Hinterfuß unseres neuen hier beschriebenen Exemplars von
Pterodactylus bietet aber noch eine ganz unerwartete Überraschung. Er
zeigt nämlich in kaum zu übertreffender Deutlichkeit eine Schwimmhaut (Fig. 24), die die Zehen vom Grunde der Metatarsen an bis zur Basis
der Krallenphalangen verbindet, die frei daraus hervorragen. Soweit
diese Schwimmhaut reicht, zeigt das Gestein eine glatte Oberfläche und
eine etwas dunklere Färbung, die sich von der raueren Oberfläche des
umgebenden Gesteins scharf abhebt. Besonders auffallend und scharf erscheint der Rand der Schwimmhaut zwischen der 3. und 4. Zehe, wo er
einen einspringenden Winkel bildet, wie er entstehen muß, wenn
die Zehen nicht weit von einander gespreizt sind. Es ist das
der natürliche Umriß der Schwimmhaut, wie er gar nicht besser
ausgeprägt bei einem Fossil erwartet werden kann und eine überraschende Ähnlichkeit mit einem Entenfuß hervorruft. Bei genauerem Zusehen erkennt man dasselbe Bild auch zwischen der
2. und 3. Zehe. Auch die 5. Zehe ist durch Schwimmhaut mit den
übrigen Zehen vereinigt, indem vom distalen Ende des 4. Metatarsale ein freier breiter Hautlappen bis nahe zur Basis des
5. Metatarsale sich hinzieht, der die rudimentäre 5. Zehe völlig umschließt. Er erinnert an den Hautlappen der kleinen Hinterzehe
bei Tauchenten.

Dieser ganz unerwartete Befund überraschte mich um so
mehr, als ich selbst 1923, p. 148 wegen ihres langen Femur den
meisten Arten von *Pterodactylus* die Eignung zu einem Schwimmfuß abgesprochen hatte im Gegensatz zu *Rhamphorhynchus* mit
seinem kurzen Femur, obwohl auch ihr Fuß wie der von Rh.
ausgesprochen plantigrad ist und ihre Metatarsen von ihrer Basis
an gespreizt getragen werden. Nun ist aber gar kein Zweifel
möglich, daß wenigstens diese beiden Gattungen von Flugsauriern
richtige Schwimmfüße besessen hatten und jedenfalls ihre Nahrung
im Wasser suchten. Dazu sind ja die langschnauzigen Formen
ganz besonders geeignet.

Der Fuß unseres Fossils zeigt auch überzeugend, daß die Schwimmhaut auf den Fuß beschränkt war und sich nicht etwa in die Flügelhaut fortsetzte. Bei der vorzüglichen Erhaltung der Weichteile an diesem Fossil müßten sich sonst sicher auch Spuren von einem solchen Zusammenhang erhalten haben. Die Füße waren frei von der Flügelhaut, konnten aber sehr wohl beim Fliegen als Steuerorgane gedient haben.

Das vorliegende Exemplar mit einiger Wahrscheinlichkeit einer der bekannten Arten von *Pterodactylus* zuzuweisen, ist mir nicht gelungen. Es würden nur die langhalsigen Arten in Betracht kommen und unter ihnen wohl nur *Pt. longirostris*, der etwa das gleiche Verhältnis von Kopf- und Halslänge zeigt (84:77 mm, einschließlich des 8. Halswirbels). Doch ist das Profil des Schädels in der Stirngegend bei unserem Exemplar auffallend konkav, bei *Pt. longirostris* dagegen eher etwas konvex. Die Gestalt und verhältnismäßige Größe der Zähne ist zwar bei beiden Formen recht ähnlich, aber unser Exemplar besitzt oben wie unten nur je 12 Zähne in einer Reihe, die weniger als die Hälfte der Unterkieferlänge in Anspruch nehmen, während ich bei dem Cuvier'schen Exemplar (Collini) im Unterkiefer 19 Zähne mit Sicherheit feststellen konnte, die beträchtlich mehr als die Hälfte der Unterkieferlänge einnehmen. Im Oberkiefer scheint die von den Zähnen besetzte Strecke nicht geringer zu sein, obwohl sich Sicheres darüber und über die Zahl der Zähne nicht beobachten läßt. Die Zahl und die Gestalt der Zähne erinnerte mich bei unserem Exemplar zuerst an *Pt. Kochi*, doch sind dessen Zähne bedeutend größer und plumper, und wegen ihres kurzen Halses scheidet diese Art völlig aus. Die kleineren Arten wie *Pt. elegans* könnten nach der Form des Schädels und der Zahnzahl eher in Frage kommen, aber hier sind die Zähne durchgehends sehr schlank und dicht gedrängt, nur auf den vordersten Teil der Kiefer beschränkt. Ich glaubte daher besser zu tun, unserem Exemplar einen neuen Namen zu geben und bezeichne es als *Pterodactylus cormoranus* nov. sp.

Ich stelle mir vor, daß, als Rhamphorhynchoidea sich mehr vom Wasser emanzipierten und den schwerfälligen langen Schwanz ablegten, zwei ganz verschiedene Entwicklungsrichtungen eingeschlagen wurden. Auf einer Linie wurde das Fußsteuer nicht nur beibehalten, sondern noch vollkommener ausgebildet durch beträchtliche Verlängerung der 5. Zehe. So entstanden schnell-fliegende Formen, die durch dieses Steuer zu einem besonders gewandten Flug befähigt wurden, so daß sie im Flug ihre Beute zu fangen verstanden wie unsere Schwalben, Segler und Fleder-mäuse. Das sind die kurzschnauzigen Formen, zu denen *Anuro-gnathus* gehört. Auf der anderen Linie wurde mit dem Schwanz auch das Fußsteuer z. T. abgebaut und die 5. Zehe wurde rudi-mentär. So entstanden Formen mit geringerer Flugfähigkeit, denen aber dafür das verkleinerte Fußsteuer vollkommen genügte. Diese suchten ihre Nahrung nach wie vor im Wasser und konnten wohl auch noch recht gut tauchen. Sie dürften eine Lebensweise geführt haben wie unser Säger (*Mergus*) und Tauch-enten (*Fuligulinae*). Das sind die *Pterodactylus*-Arten.

An die Lebens- und Ernährungsweise gerade der Säger (*Mergus*) erinnern durch ihr ähnliches Gebiß diejenigen Formen von *Pterodactylus* ganz besonders, die mit ihrer Reihe gleichlanger, aufrechtstehender Zähne in den langen Kiefern geeignet sind, selbst verhältnismäßig große Fische festzuhalten, um sie durch den sehr erweiterungsfähigen Schlund hinabzuwürgen. Eine solche Ernährungsweise haben ja auch die Kormorane mit ihrer erweiterungsfähigen Kehlhaut, die, wie wir sahen, *Pterodactylus* ebenfalls besaß. Daß sie ebenso tüchtig wie diese sehr gut flie-genden Vögel auch zu schwimmen und zu tauchen verstanden, das zeigt der ausgeprägte Schwimmfuß, den das mir vorliegende Exemplar von *Pterodactylus* in ganz erstaunlich schöner Erhaltung zeigt. Es sind ja bei ihm nicht nur alle Zehen bis zu den Krallen durch eine Schwimmhaut verbunden, sondern die kleine 5. Zehe besitzt einen nach außen vorgewölbten Hautlappen, der etwas an den der ebenfalls verkümmerten Hinterzehe der Säger und Tauch-enten erinnert.

Tafelerklärung.

Taf. 3, unten. *Pterodactylus cormoranus* n. sp. Kopf und Hals mit den Umrissen der Weichteile, unter dem Kopf kehlsackartige Hautverbreiterung, über der Stirn ein Hautlappen sichtbar, darüber rechter Hinterfuß.

Überführung von Chlorophyllderivaten in Phylloerythrin

Von Hans Fischer und Rudolf Bäumler.

Vorgetragen in der Sitzung am 9. Februar 1929.

Während die Konstitution des Hämins aufgeklärt ist, herrscht
über die des Chlorophylls noch ziemliches Dunkel. Aus Chlorophyll sind beim energischen alkalischen Abbau eine Reihe von
Porphyrinen isoliert worden, in die Eisen komplex eingeführt
werden kann und die so erhaltenen Eisensalze stehen spektroskopisch dem Hämin nahe. Die Methoden, nach denen die Chloro-
phyllporphyrine erhältlich sind, sind ziemlich brutale, sodaß
sekundäre Synthesen nicht ausgeschlossen erscheinen umsomehr,
als die Höchstausbeute ca. 30% beträgt und Dipyrrylmethene
unter ähnlichen Bedingungen in Porphyrine[1]) umgewandelt werden
können. Besonders beweisend wäre eine Überführung von Chlorophyll in Porphyrine auf encymatischem Wege. Solche Versuche
haben wir mit Phäophytin, Phäophorbid und Chlorin e angesetzt,
aber bis jetzt keine entscheidenden Resultate erzielt. Diese nega-
tiven Ergebnisse sind auffallend, weil Marchlewski[2]) bei der Verfüt-
terung von Grünfutter im Kot von Wiederkäuern Phylloerythrin
gefunden hat, das er mit Recht als Chlorophyllderivat ansprach.
Löbisch und Fischler[3]) haben es aus Rindergalle in kristallisiertem
Zustand gewonnen und die Analysen stimmten am besten auf
$C_{33} H_{36} N_4 O_6$[4]). Hieraus folgt, daß bei der Einwirkung der
Encyme des Magen-Darmkanals eine Abspaltung des Phytols und
Methylalkohols erfolgt; über weitere Veränderungen gibt der
spektroskopische Befund Anhaltspunkte.

Phylloerythrin ist nach seinen Spektralerscheinungen ein
Porphyrin[5]) und seine Konstitutionsaufklärung ist von großer

---

[1]) A. 466, 155 [1928].
[2]) Zs. f. physiol. Chem. Bd. 43, S. 208 u. 464 (1904).
[3]) Monatshefte für Chemie 1903, S. 335.
[4]) Zs. f. physiol. Chem. 96, S. 293 [1915].
[5]) Zs. f. physiol. Chem. 143, S. 4 [1924].

Wichtigkeit, weil die Natur selbst offenbar hier die Umwandlung von Chlorophyll in Porphyrine unter den mildesten Bedingungen, die man sich denken kann, vollzogen hat.

Dazu kommt noch, daß wir seit einiger Zeit über Methoden verfügen, einerseits Porphyrine synthetisch zu bereiten, anderseits sie in Chlorine, das sind dem Chlorophyll nahestehende Körper, überzuführen. Deshalb besitzen dem Chlorophyll im Sauerstoffgehalt nahestehende Porphyrine ein ganz besonderes Interesse.

So erhob sich die Frage, diese physiologisch mit sehr schlechter Ausbeute verlaufende Porphyrinbildung rein chemisch nachzuahmen und hierfür kamen vor allen Dingen reduzierende Methoden in Betracht, weil Reduktionsvorgänge im Darmkanal in erster Linie auftreten. So wird Bilirubin ja in Mesobilirubinogen umgewandelt, eine Reaktion, die mit Hilfe von Natriumamalgam im Reagensglas gut durchführbar ist. Wir haben die Natriumamalgam-Reduktion von Chlorin e und Phäophorbid a durchgeführt; die Lösungen werden farblos und in diesen Lösungen sind Leuko-verbindungen von Porphyrinen vorhanden, denn bei der Re-oxydation mit Luft tritt nunmehr Rotfärbung ein und es lassen sich aus dieser Lösung Porphyrine isolieren. Die Ausbeute ist aber so schlecht, daß die präparative Verarbeitung sich bis jetzt nicht lohnt.

Wir benützten nunmehr zur Reduktion Eisessig-Zinkstaub und Phäophorbid a wird unter diesen Bedingungen schnell ent-färbt. Also entsteht auch hier eine Leukoverbindung. Bei der Reoxydation durch Luft entstanden wiederum Porphyrine. Die spektroskopische Untersuchung in Pyridin-Äther ergab absolute Identität mit Phylloerythrin, auch bei der Projektion der Spektren übereinander. Die Ausbeute war auch hier mäßig. Auch die Re-sorcinschmelze ergab Porphyrine, von denen eines spektroskopisch mit Phylloerythrin nahezu identisch war (Differenz von $1/_2 \mu\mu$).

Die besten Resultate wurden mit Eisessig-Jodwasserstoff aus Phäophorbid a als Ausgangsmaterial erhalten. Bei sehr kurzer Einwirkung entsteht in guter Ausbeute ein Porphyrin, das durch Kristallisationsfähigkeit ausgezeichnet ist und das nach der Elemen-taranalyse, der spektroskopischen Untersuchung und Eigenschaften mit Phylloerythrin genau übereinstimmte. Einen Schmelzpunkt besitzt dieses Porphyrin ebensowenig wie das Phylloerythrin und wir haben deshalb das natürliche Phylloerythrin sowie das „künstliche" Phylloerythrin der Veresterung unterworfen, wobei in beiden Fällen ein schön kristallisiertes Produkt entstand, das einen scharfen Schmelzpunkt von 260° (korr.) besaß. Schmelz- und Misch-Schmelzpunkt waren identisch. Die Analysenzahlen stimmen am besten auf einen Monomethylester. Das Phylloerythrin gibt mit Chlorwasserstoff ein Porphyrin mit 3 Sauerstoffatomen.

Somit ist die Überführung von Phäophorbid a, das dem Chlorophyll sehr nahe steht, in Phylloerythrin auf rein chemischem Wege bewerkstelligt. Die Analysenzahlen bestätigen die Formel $C_{33} H_{36} N_4 O_6$ und es erscheint immerhin diskutierbar, ob nicht auch dem Chlorophyll nach Abzug der Estergruppen 33 C-Atome zukommen. Neben Phylloerythrin trat ein zweites Porphyrin ähnlicher Zusammensetzung auf. Somit verfügen wir nunmehr bereits über zwei dem Chlorophyll im Sauerstoffgehalt nahestehende Porphyrine. Wir haben weiter noch eine Reihe von Umsetzungen mit Phylloerythrin vorgenommen, über die an anderer Stelle bald berichtet wird. Die Veröffentlichung eines Teils der bisherigen Resultate erfolgt angesichts einer soeben (am 8. Februar) erschienenen Zuschrift in den Naturwissenschaften von Kurt Noack über „Entstehung des Chlorophylls und dessen Beziehungen zum Blutfarbstoff". Hier berichtet Noack über die Überführung von Chlorophyllderivaten in Körper, die spektroskopisch nahezu identisch mit Phylloerythrin sind. Eine ausführliche Abhandlung ist angekündigt.

Versuche.

Amalgam-Reduktion von Phäophorbid a)[1]) und Chlorin e)[2])

Phäophorbid a): 0,2 g Phäophorbid werden in 200 ccm Äther gut suspendiert und diese Suspension mit n/10 NaOH ausgeschüttelt. Die sich bildende Emulsion (Alkalisalzbildung) kann durch vorsichtige Zugabe von Äthylalkohol einigermaßen befriedigend getrennt werden. Die alkalische Lösung wird mit 120 g 2%igem Natriumamalgam 18 Stunden geschüttelt (Maschine), wobei

---

[1]) Willstätter und Stoll, Chlorophyllbuch S. 281.
[2]) Willstätter und Stoll, Chlorophyllbuch S. 293.

eine fast farblose, schwach rötliche Lösung erhalten wird. Soweit die
Durchsichtigkeit der Lösung im Polarisationsapparat eine Beobachtung gestattete, konnte kein Drehungsvermögen festgestellt werden.
Bei der Reoxydation mittels Luftdurchleiten wurde die Lösung zu-
nehmend rötlich. Es wurde angesäuert und in Äther getrieben, in
dem sich Spuren eines Porphyrins spektroskopisch nachweisen ließen.
Isolierung war infolge der geringen Menge nicht möglich.

Chlorin e): 0,2 g wurden in 100 ccm Äther suspendiert und
mit n/10 NaOH ausgeschüttelt. Glatte Entmischung. Die alkalische
Lösung wurde mit 80 g Natriumamalgam (2%) 11 Stunden geschüttelt,
wobei sie farblos wurde. Die Reduktion verlief hier rascher als bei
Phäophorbid a). Im Polarisationsapparat war die Lösung durch be-
ginnende Reoxydation sehr schwer durchsichtig, Drehungsvermögen
wurde keines festgestellt. Die Reoxydation führte auch in diesem Falle
zu einer rötlichen Lösung, die Spuren von Porphyrin enthielt.

Reduktion von Phäophorbid a) mit Eisessig-Zinkstaub.

0,5 g Phäophorbid a) werden in 50 ccm Eisessig gelöst und
mit 5 g Zinkstaub unter Rückfluß und Durchleiten von Wasser-
stoff bis zum Umschlag unter Aufhellung der Lösung nach Hell-
Braunrot gekocht, dann abgesaugt. Aus dem Filtrat läßt sich
durch Wasser eine amorphe farblose Verbindung fällen, die im
Verlauf von 24 Stunden dunkelt und dann Porphyrinspektrum
zeigt, sodaß es sich in dem farblosen Körper um die Leukoverbindung dieses Porphyrins handelt. Es wurde versucht, in Kohlen-
dioxyd-Atmosphäre diese Leukoverbindung analog der des Okta-
äthylporphins[1] aus Eisessig-Wasser umzukristallisieren, es konnten
dabei jedoch nur amorphe und sehr schwer filtrierbare Nieder-
schläge erhalten werden. Die Verbindung sintert ab 200° und
zersetzt sich bei ca. 240°. Während die Leukoverbindung in
Pyridin mit gelblicher Farbe sehr schwer löslich ist, ist das
Oxydationsprodukt mit roter Farbe außerordentlich leicht in
Pyridin löslich. Das Porphyrin war auch erhältlich durch direkte
Reoxydation (Luftdurchleiten) der Eisessiglösung der Leukoverbindung. Dabei bildet sich zunächst ein Streifen im Rot, der dann

---

[1] Liebigs Ann. 468, 58 [1929].

langsam das saure Porphyrinspektrum liefert. Aus dem Eisessig wurde mit Ammoniak das Porphyrin in Äther gebracht, wobei viel Flocken durch die Schwerlöslichkeit des Porphyrins in Äther anfallen. Mit 8%iger HCl wurden dieser ätherischen Lösung so lange Verunreinigungen entzogen, bis etwas Porphyrin in die Salzsäure ging, dann dieses mit 15%iger HCl extrahiert, aus dieser wieder in Äther getrieben, wobei nach dem Eindunsten mäßig ausgebildete häufig verwachsene Prismen erhalten wurden. Salzsäurezahl: ca. 8. Spektroskopisch besteht keine Identität mit dem analog aus der Komponente b) erhaltenen Porphyrin.

Reduktion von Phäophorbid a) mit Eisessig-Jodwasserstoff.

0,5 g Phäophorbid a) werden in 75 ccm Eisessig gelöst und 10 ccm Jodwasserstoffsäure (spezif. Gew. — 1,69) zugegeben. Man stellt auf das siedende Wasserbad, wobei eklatanter Farbumschlag der grünen Lösung nach Rot eintritt. Nach 7 Minuten wird vom Wasserbad entfernt, dann mit Wasser gekühlt und das Reaktionsgemisch in $1^{1}/_{2}$ Ltr. Äther im Scheidetrichter eingegossen, nun unter Verdünnung mit Ammoniak sehr schwach alkalisch gemacht, bis das in Äther langsam aus der Leukoverbindung entstehende salzsaure Porphyrinspektrum in das neutrale übergegangen ist. Nun wird getrennt und der Äther mit 15%iger HCl so lange extrahiert, bis diese spektroskopisch kein Porphyrin mehr aufnimmt. In der zurückbleibenden roten ätherischen Lösung wird das Jod durch Ausschütteln mit Thiosulfatlösung reduziert. Der salzsaure Auszug wird nun unter reichlich Äther so lange verdünnt, bis der Äther mit Farbstoff gesättigt ist und starke Flockenabscheidung beginnt. Nun wird getrennt, der Äther filtriert und sofort sehr stark eingeengt. Bei mehrstündigem Stehen der nicht eingeengten ätherischen Lösung kristallisiert bereits an den Gefäßwänden das schwer lösliche Porphyrin klein aus. Der eingeengte ätherische Auszug scheidet nach 12 stündigem Stehen quantitativ alles Porphyrin gut kristallisiert ab, die grüne Mutterlauge enthält ein bei der Reaktion als Nebenprodukt entstehendes in Äther gut lösliches Chlorin von folgendem Spektrum und der Salzsäurezahl 10:

I. 670,8 — 647,9; II. 608,4 — 593,7; III. 565,4 — 558,5; IV. 535,0 — 527,6; V. 506,0 — 488,8; E. Abs. 447,2.

Weitere Auszüge von Porphyrin werden durch weiteres
Verdünnen und schließlich durch portionsweise Neutralisation der
verd. salzsauren Lösung erhalten. Es ist dabei immer viel Äther
zu verwenden, entsprechend der Schwerlöslichkeit des entstandenen
Porphyrins. Es hat sich als zweckmäßig erwiesen, durch Verdünnen und Neutralisieren etwa 4—5 getrennte Äther-Auszüge
herzustellen, da nur nach diesem Verfahren befriedigende Aus-
beuten an Porphyrin erzielt wurden und zwar aus 0,5 g Phäophorbid bis zu 0,20 g des Porphyrins. Die ätherischen Mutter-
laugen der eingeengten Ätherfraktionen (ausgenommen erste Frak-
tion) liefern bei längerem Stehen und Verdunsten die Kristallisation eines weiteren, spektroskopisch von dem als Hauptmenge
entstehenden verschiedenen Porphyrins in wechselnder Ausbeute.

Spektrum von Porphyrin I.
I. 636,6; II. Vorbeschattung ab 598.4, 2 Maximas 588,4 bzw.
581,4; III. 565,6 — 558,2; IV. 528,5 — 517,1; E. Abs. 451,9.

Dieses Spektrum ist mit dem reinen Phylloerythrin aus
Rindergalle vollkommen identisch.

Spektrum von Porphyrin II.
I. 635,4 — 630,3; II. 2 Maximas 591,6 bzw. 575,2; III. 562,8
— 552,2; IV. 524,3 — 511,2; E. Abs. 442,1.

Dieses Spektrum ist gegen das des Porphyrins I und des
Phylloerythrins nach violett verschoben.

Zur Analyse wurde Porphyrin I zweimal aus Pyridin-Äther
umkristallisiert. Pyridin allein liefert bei äußerst konzentrierten
Lösungen beim Erkalten eine Kristallisation dünner Blättchen, die im
durchscheinenden Licht grün erscheinen. Dickere Kristalle lassen das
Licht rot und blau durchscheinen. Gibt man zur heissen Pyridinlösung
sehr vorsichtig so lange Äther, bis eben am Rande eine Kristallisation
sichtbar wird, so erhält man das Porphyrin nach 12 stündigem
Stehen in prachtvoll kristallisierten glänzenden breiten Prismen.

Es wurde bei 78⁰ zur Konstanz getrocknet.
4,517 mg Subst.: 11,210 mg CO_2, 2,385 mg H_2O.
2,562 mg Subst.: 0,223 ccm N (18⁰,713 mm)
$C_{34}H_{36}N_4O_6$ (596,33) Ber.: C = 68,42 H = 6,09 N = 9,40%
$C_{33}H_{36}N_4O_6$ (584,33) Ber.:   67,77   6,21   9,59%
                          Gef.:   67,69   5,91   9,57%.

Zur Kristallisation von Porphyrin II aus Pyridin-Äther sind 4 mal 24 Stunden erforderlich. Zur Analyse bei 78° im Vakuum getrocknet.

4,300 mg Subst.: 10,600 mg CO_2, 2,320 mg H_2O
4,271 mg Subst.: 10,430 mg CO_2, 2,340 mg H_2O
4,724 mg Subst.: 0,403 ccm N (15°,726 mm)
$C_{34}H_{36}N_4O_6$ Ber.: C = 68,42 H = 6,09 N = 9,40%
$C_{33}H_{36}N_4O_6$ Ber.:   67,77   6,21   9,59%
        Gef.:   67,23   6,04   9,67%
                   66,60   6,13

Phäophytin und Äthylchlorophyllid gaben unter den gleichen Bedingungen ebenfalls Phylloerythrin, das nach Analysenzahlen und spektroskopischem Befund mit den anderen Präparaten übereinstimmte. Bemerkenswerterweise ergab Phytochlorin e (mit Moldenhauer) ein neues Porphyrin. Phäophorbid a und Chlorin e weichen also in der Konstitution voneinander ab.

Über den Schwereunterschied München—Potsdam.

Von **Karl Schütte**.

Vorgelegt von S. Finsterwalder in der Sitzung am 9. Februar 1929.

§ 1. Einleitung.

Die Bestimmung des relativen Schwereunterschiedes München-Potsdam ist für die ganzen Bayerischen Pendelbeobachtungen von fundamentaler Bedeutung, da sich auf der Münchener Sternwarte der Referenzpunkt für die Pendelbeobachtungen der Bayerischen Erdmessungskommission befindet. Deshalb wurde schon zu Beginn dieser Beobachtungen, im Jahre 1898, von Herrn Anding der relative Schwereunterschied zwischen beiden Punkten sorgfältig bestimmt[1]. 1909 wurde der Anschluß von Zapp wiederholt[2], wobei aber die Pendel weniger konstant waren, und auch die Zahl der Beobachtungen in Potsdam wesentlich geringer war. Nachdem die Bayerische Kommission jetzt im Besitze von drei Nickelstahlpendeln (A), (B), (C) ist, und die Pendelbeobachtungen vor einem vorläufigen Abschluß stehen, schien es erwünscht, auch aus anderen Gründen, den relativen Schwereunterschied München-Potsdam nochmals zu bestimmen, um so das Netz der Bayerischen Schweremessungen sicher fundieren zu können. Über das Ergebnis dieser Neubestimmung, die 1928 von April 25 bis Juni 25 ausgeführt wurde, und den Vergleich mit den beiden andern, sei hier kurz berichtet[3].

---

[1] Veröffentlichung der Bayer. Kommission für die Internationale Erdmessung. Astr. geod. Arb. Heft 6.

[2] Veröffentlicht: Astr. geod. Arb. Heft 10.

[3] Ausführlicher Bericht erscheint im Heft 11 der Astr. geod. Arb.

§ 2. Die Pendel und ihre Konstanten.

Zur Ausführung der Beobachtungen standen drei Nickelstahl-
pendel (*A*), (*B*), (*C*) zur Verfügung; (*A*), (*B*) sind aus den früheren
Bronzependeln *A*, *B* entstanden, indem diese 1923 von der Firma
Riefler Nickelstahlstangen erhielten. Das Pendel (*C*) ist von dem
Obermechaniker der Kommission, Herrn Bode, im Frühjahr 1928
neu angefertigt; die Stange ist Nickelstahl, die Linse Phosphor-
bronzeguß. Das Pendel hat sich bei allen Beobachtungen 1928
vorzüglich bewährt. Die Konstanten aller drei Pendel sind im
geodätischen Institut in Potsdam bestimmt. Ihre Werte sind aus
der folgenden Übersicht zu entnehmen:

Pendel	Temperaturkonstante (Gesamtausgl.)	Dichte-konstante	Jahr	Beobachtet u. reduziert
(*A*)	8.33 ± 0.08	633.2 ± 3.6	1926	Schmehl[1]
B)	8.68 ± 0.07	619.9 ± 9.4	1926	Schmehl[1]
(*C*)	7.58 ± 0.04	746.2 ± 1.3	1928	Schütte

Die Temperaturkonstanten sind in dem Wärmekasten des
geodätischen Institutes bestimmt; ihre Werte sind auch für jeweils steigende und fallende Temperatur abgeleitet; sie liegen innerhalb der durch den m. F. der Gesamtausgleichung angegebenen
Grenzen. Was die Bestimmung der Dichtekonstanten anbelangt,
so sind die der beiden älteren Pendel (*A*), (*B*) im alten Dichtekasten ausgeführt, während für das neue Pendel (*C*) erstmalig
der neue 4-Pendel-Vacuum-Apparat des geodätischen Instituts[2]
benutzt werden durfte, weil der alte Dichtekasten trotz langer
Versuche nicht mehr genügend dicht war.

Von seiten des Potsdamer geodätischen Instituts wurde ich
bei der Ausführung der Beobachtungen in jeder Hinsicht unter-
stützt, wofür hier der beste Dank ausgesprochen sei.

---

[1] Statt der endgültigen Werte für (*A*), (*B*), die hier mitgeteilt
werden, sind für die Reduktion folgende Gebrauchswerte benutzt: (*A*):
8.34, 633.3; (*B*): 8.68, 619.7.

[2] E. Kohlschütter: Der neue Pendelapparat des Preußischen Geodätischen Instituts. Verh. d. 3. Tagung d. Balt. Geod. Kommission, Helsinki 1928,
p. 91—96.

§ 3. Die Beobachtungen 1928.

Zur Ausführung der Anschlußbeobachtungen wurde, wie bei allen bisherigen Bayerischen Pendelmessungen, das Sterneck'sche Wandstativ benutzt; in Potsdam ist stets (1898, 1909, 1928) an der gleichen Stelle der Wand im NO-Keller des geodätischen Instituts beobachtet worden. In München dagegen sind die Beobachtungen zeitweise im Keller unter dem Refraktor der Sternwarte ausgeführt; hier liegt der eigentliche Referenzpunkt für die Bayerischen Schweremessungen. Heute wird immer im Vorraum zum Refraktor beobachtet; der neue Punkt liegt ca. 3.8 m höher und ca. 5 $\frac{1}{2}$ m westlicher wie der frühere. Hierauf ist später noch zurückzukommen (§ 5).

Die drei Pendel sind in stets wechselnder Reihenfolge beobachtet, also (A), (B), (C); (C), (B), (A), u. s. f.; und zwar je zehn Sätze in München I, Potsdam I, II und München II. Jede Reihe besteht also aus 30 Pendeln. Das Mitschwingen wurde in der üblichen Weise durch Wippen untersucht; ein solches konnte niemals beobachtet werden.

Die Gänge der Pendeluhr (in München $R\,25$, in Potsdam $R\,96$) wurden in München durch Vergleich mit der Hauptuhr $R\,33$ der Sternwarte abgeleitet. Die Gänge von $R\,96$ für die Potsdamer Beobachtungen stellte mir nach den Uhrvergleichungen des geodätischen Instituts liebenswürdigerweise Herr Dr. Pavel zur Verfügung.

Die ausführliche Veröffentlichung der Beobachtungen erfolgt im Rahmen der Veröffentlichungen der Kommission in Heft 11 der „Astronomisch-geodätischen Arbeiten"; hier sollen nur kurz die Ergebnisse mitgeteilt werden.

München I: (Refraktorvorraum), 1928, April 25 bis Mai 4.
10 Sätze zu je drei Pendeln = 30 Pendel

	(A)	(B)	(C)	Gesamtmittel
Mittelwerte und m. F. des Mittels	0$\overset{s}{.}$5058152.6 ± 2.8	0$\overset{s}{.}$5057610.3 ± 2.1	0$\overset{s}{.}$5058434.6 ± 2.2	0$\overset{s}{.}$5058065.8 ± 1.7

Potsdam I: (NO-Keller des geodätischen Instituts, 1928,
Mai 10 bis Mai 16. 10 Sätze zu je drei Pendeln = 30 Pendel

	(A)	(B)	(C)	Gesamtmittel
Mittelwerte und m. F. des Mittels	0.5056751.3 ± 1.6	0.5056209.4 ± 1.1	0.5057029.0 ± 0.9	0.5056663.2 ± 0.5

Potsdam II: (NO-Keller des geodätischen Instituts), 1928,
Juni 7 bis Juni 15. 10 Sätze zu je drei Pendeln = 30 Pendel

	(A)	(B)	(C)	Gesamtmittel
Mittelwerte und m. F. des Mittels	0.5056746.1 ± 0.9	0.5056206.3 ± 0.8	0.5057023.6 ± 1.0	0.5056658.7 ± 0.5

München II: (Refraktorvorraum) 1928, Juni 20 bis Juni 25.
10 Sätze zu je drei Pendeln = 30 Pendel

	(A)	(B)	(C)	Gesamtmittel
Mittelwerte und m. F. des Mittels	0.5058144.9 ± 1.5	0.5057601.7 ± 0.9	0.5058427.3 ± 1.2	0.5058057.9 ± 0.8

Zu den Münchener Beobachtungen ist zu bemerken, daß für
die erste Reihe die Bedingungen nicht günstig waren. Die Uhr
hatte einen unregelmäßigen Gang, und die Temperaturschwankungen
waren ziemlich groß. Die Messungen selbst erstrecken sich auf
10 Tage, und der zeitliche Abstand von Potsdam I ist ziemlich
groß. Für die zweite Münchener Reihe liegen die Bedingungen
wesentlich günstiger. Die Uhr war inzwischen von der Firma
Riefler nachgesehen, und der Pendelkontakt umgearbeitet. Der
Uhrgang war gleichmäßiger, die Temperaturschwankungen während
des größten Teiles der Beobachtungen, die sich nur auf 6 Tage
erstrecken, geringer. Auch ist der zeitliche Abstand von Potsdam II
kleiner. Vor der Reihe München II wurden die Bolzen zur Be-
festigung des Wandstativs neu eingegipst. Der Anschluß München II
verdient also größeres Gewicht, wie auch die m. F. bestätigen.

Für die beiden Potsdamer Reihen sind die Beobachtungsbe-
dingungen als sehr günstig zu bezeichnen; die m. F. sind klein,
die Reihen sind als gleichwertig anzusehen.

§ 4. Über die Konstanz der Pendel.

Es fällt sofort auf, daß sich die Schwingungsdauer bei allen
drei Pendeln in dem vorliegenden Zeitintervall fortgesetzt verkürzt zu haben scheint. Wenn zwischen München I und München II
ein solcher Unterschied zu Tage tritt, so ist das nicht verwun-
derlich, da ja inzwischen die Pendel mehrfach transportiert wurden. Aber auch zwischen Potsdam II und Potsdam I besteht ein
solcher Unterschied. Hierzu ist zu bemerken, daß zwischen den
beiden Potsdamer Reihen die Pendel (A), (B) vollständig unbe-
rührt aufbewahrt wurden, während gleichzeitig die Konstanten
des neuen Pendels (C) bestimmt wurden.

Um die Veränderung der Pendel, die übrigens die allgemein
vorkommenden Schwankungen nicht überschreitet, näher zu prüfen,
betrachten wir die folgende Zusammenstellung:

Mitte der Reihe	(A)	(B)	(C)	Gesamtmittel
Potsdam I, 1928, Mai 13	0.5056751.3	0.5056209.4	0.5057029.0	0.5056663.2
Potsdam II, 1928, Juni 13	0.5056746.1	0.5056206.3	0.5057023.6	0.5056658.7
Veränderung in 31 Tag. II—I	—5.2	—3.1	—5.4	—4.5
München I, 1928, Apr. 30	0.5058152.6	0.5057610.3	0.5058434.6	0.5058065.8
München II, 1928, Juni 22	0.5058144.9	0.5057601.7	0.5058427.3	0.5058057.9
Veränderung in 53 Tag. II—I	—7.7	—8.6	—7.3	—7.9

Hieraus ergibt sich die folgende tägliche Abnahme der
Schwingungsdauer jedes Pendels in Einheiten von $1^s \times 10^{-7}$:

Zeitintervall 1928	(A)	(B)	(C)	Mittel
Potsdam II—I, Mai 13 — Juni 13	—0.167	—0.100	—0.174	—0.147
München II—I, April 30 — Juni 22	—0.145	—0.162	—0.138	—0.148

Die Übereinstimmung dieser Werte ist so gut, daß man
wohl berechtigt ist, anzunehmen, daß sich alle drei Pendel in der
Zeit von April 30 bis Juni 22 gleichmäßig verkürzt haben.

Beschränken wir uns auf das Mittel aller drei Pendel, so sind hiernach an die Beobachtungen noch folgende Verbesserungen anzubringen:

München I — Potsdam I:

an Potsdam I die Verbesserung für 14 Tage $= +2^s\!.1 \times 10^{-7}$,

München II — Potsdam II:

an München II die Verbesserung für 9 Tage $= +1^s\!.3 \times 10^{-7}$, womit dann naturgemäß vollkommene Übereinstimmung beider Anschlüsse erzielt wird.

Es liegt ferner aus dem Jahre 1928 noch eine Reihe München III vor, nach Abschluß der Pendelbeobachtungen in der Pfalz, im Saargebiete und in Karlsruhe i. B. Es dürfte auch hier von Interesse sein, zu erfahren, daß zwischen München II und München III, d. h. in der Zeit von Juni 22 bis September 15, in 85 Tagen, die Pendel wesentlich konstanter waren. Die Unterschiede sind, im Sinne München III — II (Einheit $1^s \times 10^{-7}$):

(A)	(B)	(C)	Mittel
$-5^s\!.5$	$-3^s\!.6$	$-0^s\!.1$	$-3^s\!.0$

Im Mittel hat also die Schwingungsdauer weiter abgenommen, aber in Rücksicht auf die größere Zwischenzeit, in erheblich geringerem Maße. Für das neue Pendel (C) ist eine weitere Abnahme überhaupt nicht mehr erfolgt; es scheint von allen drei Pendeln am besten konstant zu sein.

§ 5. Der relative Schwereunterschied München - Potsdam.

An alle Potsdamer Beobachtungen ist zur Reduktion auf den dortigen Referenzpunkt der Unterschied Potsdam Pfeiler — Potsdam Keller $= +3^s\!.0 \times 10^{-7}$ anzubringen; es ergibt sich dann die folgende Übersicht:

	München I	Potsdam I	Potsdam II	München II
Mittel aller Pendel:	$0^s\!.5058065.8$	$0^s\!.5056663.2$	$0^s\!.5056658.7$	$0^s\!.5058057.9$
Potsd. Pfeiler-Keller	—	$+3.0$	$+3.0$	—
Verbesserung wegen säkularer Veränderung (§ 4)	—	$+2.1$	—	$+1.3$
Verbessertes Mittel:	$0^s\!.5058065.8$	$0^s\!.5056668.3$	$0^s\!.5056661.7$	$0^s\!.5058059.2$

Aus beiden Reihen folgt nun übereinstimmend der relative Unterschied für 1928:

$$\text{München} - \text{Potsdam} = + 1397\overset{s}{.}5 \times 10^{-7}$$

(Sieht man von der Verbesserung wegen säkularer Änderung der Pendel ab, so wird: München I — Potsdam I = $+ 1399\overset{s}{.}6 \times 10^{-7}$, München II — Potsdam II = $+ 1396\overset{s}{.}2 \times 10^{-7}$, der Unterschied beider I — II = $+ 3\overset{s}{.}4 \times 10^{-7}$ entspricht in Δg: I — II = —0.013 mm).

Die Umwandlung des Schwingungsdauerunterschiedes ΔS in Schwereunterschied Δg geschieht nach der Formel:

$$\Delta g = - 2 \frac{g_0}{S_0} \Delta S + 3 \frac{g_0}{S_0^2} \Delta S^2 - 4 \frac{g_0}{S_0^3} \Delta S^3 + \ldots$$

Die Reihe konvergiert so gut, daß das zweite Glied in unserm Falle ($\Delta S \sim 1400$) erst $+ 0.002$ mm ausmacht.

S_0 ist das Stationsmittel aller Pendel auf der Referenzstation (Potsdam), g_0 ist der Schwerewert dieser Station; als solchen nehmen wir an: $g_0 = 981.274 \pm 0.003$ cm sec^{-2} [1]).

In die folgende Übersicht sind auch die beiden früheren Bestimmungen des Schwereunterschiedes München-Potsdam aufgenommen:

Jahr	Beob-achter	Pendel	Zahl der Pendel in Mü Po	S_0	$- 2 \frac{g_0}{S_0}$	ΔS
1898	Anding[2])	89,90,91 {	36 24	0$\overset{s}{.}$5076294.5	-3.86610×10^3	$+1898\overset{s}{.}4 \times 10^{-7}$
			36 18	0.5076300.7	-3.86610×10^3	$+1400.3 \times 10^{-7}$
1909	Zapp[3])	89, A, B {	24 12	0.5076443.1	-3.86599×10^3	$+1408.7 \times 10^{-7}$
			21			
1928	Schütte	$(A),(B),(C)$ {	30 30	0.5056663.2	-3.88111×10^3	$+1397.5 \times 10^{-7}$
			30 30	0.5056658.7	-3.88112×10^3	$+1397.5 \times 10^{-7}$

Damit wird nun:

---

[1]) F. Kühnen und Ph. Furtwängler: Bestimmung der absoluten Größe der Schwerkraft zu Potsdam mit Reversionspendeln. Berlin 1906.

[2]) Astronomisch-geodätische Arbeiten 6.115

[3]) Astronomisch-geodätische Arbeiten 10.30

	1898		1909	1928	
	I	II		I	II
$-2\dfrac{g_0}{S_0}\,\varDelta S =$	-5.406	-5.414	-5.446	-5.424	-5.424
2. Glied	$+2$	$+2$	$+2$	$+2$	$+2$
$\varDelta g =$	-5.404	-5.412	-5.444	-5.422	-5.422
Mittel	-5.408 mm		-5.444 mm	-5.422 mm	
Gewicht	1		$^1/_2$	1	

Den Zapp'schen Beobachtungen von 1909 geben wir wegen ihrer geringen Zahl nur das halbe Gewicht. Die Pendel 90 und 91 sind auch nachträglich gestrichen, weil ihre Schwingungszeit sich offenbar geändert hat[1]).

Beim Vergleich der Anschlüsse ist zu berücksichtigen, daß 1909 und 1928 im Refraktorvorraum beobachtet wurde, während der erste Anschluß von 1898 sich auf den Refraktorkeller, also den eigentlichen Münchener Referenzpunkt, bezieht (vgl. § 1, § 3).

Die im Vorraum beobachteten Schwerewerte sind also zu vergrößern, wenn man sie auf den Keller reduzieren will; und zwar um einen Betrag von:

$$+\ 0.012\ \text{mm nach der Freiluftreduktion}$$
$$\text{oder} \ +\ 0.008\ \text{mm nach der Bouguerreduktion.}$$

Welche von den beiden hier die richtige ist, ist schwer zu entscheiden. Der Beobachtungspunkt im Keller liegt zwar schon unter der Erdoberfläche, aber das Gelände ist in einiger Entfernung wieder abfällig. Jedenfalls ist die Reduktion von der Größenordnung $+\ 0.010$ mm; wird diese an die Werte von 1909 und 1928 angebracht, so erhält man für die Schwerebeschleunigung in München:

$$\text{München:} \quad g_{1898} = 980.7332\ \text{cm sec}^{-2}$$
$$(\text{H} = 525.5\ \text{m}) \quad g_{1909} = 980.7306\ \text{cm sec}^{-2}$$
$$g_{1928} = 980.7328\ \text{cm sec}^{-2}\ \pm\ 0.00035\ \text{für}$$

---

[1]) Astronomisch-geodätische Arbeiten **10.**30

den Anschluß II; im Mittel mit Rücksicht auf die Gewichte:

$$g = 980.7325 \text{ cm sec}^{-2}.$$

Dieser Wert stimmt gut mit dem Ergebnis der Borras'schen Netzausgleichung[1]) überein:

$$g = 980.7330 \text{ cm sec}^{-2} \pm 0.00098 \text{ cm},$$

welcher Wert übrigens genau dem Mittel der beiden sicheren Anschlüsse von 1898 und 1928 gleich ist.

---

[1]) Verhandlungen der 16. allgemeinen Konferenz der Internationalen Erdmessung, 1909, III. 25.

Kritisch-historische Bemerkungen zur Funktionentheorie.

Von **Alfred Pringsheim**.

Vorgetragen in der Sitzung am 9. Februar 1929.

II. Über ein ziemlich kompliziertes Singularitäts-Kriterium und einen scheinbar sehr elementaren Satz.

1. Der Satz, um den es sich hier in letzter Linie handelt, lautet folgendermaßen:

Ist $\lim\limits_{\nu \to \infty} \dfrac{a_\nu}{a_{\nu+1}} = a$, *so hat die Potenzreihe* $\sum a_\nu x^\nu$ *die singuläre Stelle* $x = a$.

Bekanntlich genügt es im wesentlichen, einen derartigen Satz für den besonderen Fall $a = 1$ zu beweisen. Sind dann die a_ν überdies noch *reell*, so erscheint er geradezu als selbstverständlich. Denn, aus der Voraussetzung $\lim\limits_{\nu \to \infty} \dfrac{a_\nu}{a_{\nu+1}} = 1$, folgt zunächst, daß die a_ν zum mindesten von einer bestimmten Stelle ab gleiches Vorzeichen haben und daß daher nach dem ehemals „Vivanti'schen" Satz[1]) die Stelle $x = 1$ eine *singuläre* ist. Des weiteren legt ein Blick auf die binomische Reihe für $(1-x)^c$ bei beliebig *komplexem* c die Vermutung nahe, daß dieses Ergebnis auch bei *komplexen* a_ν erhalten bleiben dürfte. Nichtsdestoweniger ist es bisher nicht gelungen, den Satz mit verhältnismäßig einfachen Mitteln und relativ spät, ihn überhaupt zu beweisen.

Fragt man zunächst nach dem Urheber des Satzes, so findet sich darüber eine (unbegreiflich) *falsche* Angabe in der bekannten Monographie des Herrn Hadamard: „*La série de Taylor et son prolongement analytique*" [Paris, 1901]. Es heißt dort nämlich auf

---

[1]) S. dieser Bericht, Jahrg. 1928, S. 343 ff..

S. 18/19 in deutscher Übersetzung folgendermaßen: „In gewissen einfachen Fällen wird die auf dem Konvergenzkreise gelegene singuläre Stelle gleich dem Grenzwerte von $\dfrac{a_m}{a_{m+1}}$. Herr Lecornu, der sich zuerst die Aufgabe gestellt hat, mit der wir uns im Augenblick beschäftigen, ist dazu geführt worden, diese Tatsache in Form eines allgemeinen Satzes auszusprechen. Herr Lecornu hat diesen Satz nicht streng (!)[1]) bewiesen. *Wir werden später sehen, daß er richtig ist.*" Hadamard meint mit dieser letzten Aussage, wie aus seiner weiteren Auseinandersetzung unzweideutig hervorgeht, den oben an die Spitze dieser Mitteilung gestellten Satz, bei welchem aus der *Präexistenz* von $\lim\limits_{\nu\to\infty}\dfrac{a_\nu}{a_{\nu+1}}=a$ auf die *Singularität* der Stelle $x=a$ geschlossen wird. Dagegen beabsichtigt Lecornu den folgenden *falschen*[2]) Satz zu beweisen: „Wenn auf dem Konvergenzkreise nur eine einzige singuläre Stelle existiert, so findet man dieselbe vermittelst des *Grenzwertes* $\lim\dfrac{a_m}{a_{m+1}}$“ (dessen *Existenz* hier also als *Folgerung* erscheint), und er „beweist" ihn, indem er einen anderen *falschen* Satz zur Voraussetzung nimmt und auf dieser einen in sich fehlerhaften Beweis aufbaut.

Herr Lecornu scheidet also in diesem Zusammenhange vollständig aus. Im übrigen sagt Hadamard a. a. O. etwas weiter unten, *der fragliche Satz sei zuerst von Herrn Fabry*[3]) bewiesen worden, und faßt schließlich (p. 25) seine hierauf bezüglichen Betrachtungen in die folgenden zwei Aussagen zusammen:

---

[1]) Ironie oder Euphemismus? s. etwas weiter unten.

[2]) Daß dieser Satz *falsch* ist, hat zuerst Herr Hadamard gezeigt (a. a. O. S. 65, Gl. (47)). Setzt man z. B. $a_\nu=\sin(\lg\nu)$, so hat die Reihe $\sum a_\nu x^\nu$ auf dem Konvergenzkreise die *einzige* singuläre Stelle $x=1$, während $\lim\limits_{\nu\to\infty}\dfrac{a_\nu}{a_{\nu+1}}$ offenbar *nicht* existiert. Andere in gewissem Sinne noch einfachere Beispiele dieser Art hat Herr Faber angegeben: $a_\nu=\dfrac{\sin\pi\sqrt{\nu}}{\pi\sqrt{\nu}}$, $a_\nu=(\sin\pi\sqrt{\nu})^2$ (Math. Ann. 47 [1903]. S. 36).

[3]) In der Abhandlung: *Sur les points singuliers d'une fonction donnée par son développement en série et sur l'impossibilité du prolongement analytique dans des cas très généraux.* Ann. Éc. Norm. (3), 13 [1896], p. 267—309 (en particulier p. 275).

(A) *Er sei γ_n ein von n abhängiger Bogen und s die An-*
zahl der Zeichenwechsel, welche der reelle Teil a'_q von $a_q c^{-\gamma_n i}$
erleidet, wenn q von[1]*) $n - \lambda n$ bis $n + \lambda n$ variiert. Wenn man*
γ_n so als Funktion von n wählen kann, daß für unendlich
viele n die Größen $\dfrac{1}{n} \lg |a'_n|$ und $\dfrac{s}{n}$ gegen Null konvergieren,
so ist die Stelle $x = 1$ eine singuläre.

(B) *Dieser Satz beweist insbesondere die zuvor erwähnte*
Tatsache: Wenn der Grenzwert von $\dfrac{a_m}{a_{m+1}}$ existiert, so liefert
er eine singuläre Stelle.

Nun findet sich zwar das Singularitäts-Kriterium (A) an der in
Fußn. 3, S. 96 zitierten Stelle der Fabry'schen Arbeit. Dagegen
ist es mir *nicht* gelungen, in der letzteren irgend eine Andeutung
des Satzes (B) zu entdecken. Ich möchte daher annehmen, daß er
in Wahrheit von Hadamard herrührt, welcher andererseits Fabry
den *Beweis* zuschreibt, weil ja dessen Hauptteil auf dem Kriterium
(A) beruht. Freilich ist als Ergänzung dazu noch der (keineswegs
so ganz einfache) Nachweis erforderlich, daß unter der Voraussetzung des Falles (B) *die Prämissen von* (A) *stets erfüllt sind*
(worauf aber von Hadamard a. a. O. nicht eingegangen wird).

Was den Fabry'schen, etwas verwickelten und sogar nicht
ganz einwandfreien Beweis des Kriteriums (A) betrifft, so hat gelegentlich Herr Faber darauf hingewiesen[2]), daß derselbe vermittelst seiner schon beim Beweise des sogenannten Fabry-
schen Lückensatzes mit Erfolg benützten, auf der Heranziehung
einer Hilfsreihe von der Form $\sum g(\nu) a_\nu x^\nu$ beruhenden Methode
sich vereinfachen läßt. Er fügt dann, ähnlich wie Herr Hadamard ohne weiteren Kommentar die Bemerkung hinzu: „Wenn
nun $\lim\limits_{\nu \to \infty} \dfrac{a_\nu}{a_\nu + 1} = e^{\beta i}$ existiert, so befindet man sich in den Voraussetzungen dieses Theorems[3]) und der Punkt $e^{\beta i}$ ist also ein singulärer".

Obschon hiernach für den Satz (B), von dem man wegen
seiner lapidaren Einfachheit vermuten möchte, daß er schon längst

---

[1]) λ bedeutet eine feste positive, beliebig klein zu denkende Zahl.
[2]) Dieser Berichte Bd. 34 [1904], S. 74.
[3]) Des Kriteriums (A).

in jedem Lehrbuche der Funktionentheorie zu finden sein müßte, ein nach Möglichkeit vereinfachter und vollständig durchgeführter Beweis zunächst nicht existierte, so hat sich meines Wissens an diesem Zustand länger als weitere 20 Jahre nichts geändert. Es ist das Verdienst des Herrn Bieberbach in Bd. II seines Lehrbuches der Funktionentheorie [1927][1]) zuerst einen zusammenhängenden (übrigens nicht auf dem explicite formulierten Kriterium (A) beruhenden, sondern lediglich dessen Beweismittel, insbesondere die Faber'sche Methode benützenden) Beweis des Satzes (B) veröffentlicht zu haben. Wenn ich auch leider bekennen muß, denselben keineswegs restlos verstanden zu haben, so bin ich gern bereit, dieser Schuld gräßlicheres Teil auf meine Rechnung zu setzen. Da ich aber andererseits einigen Grund zu der Annahme zu haben glaube, daß das durchschnittliche Niveau der Leser eines solchen Lehrbuches das meinige nicht wesentlich übersteigen dürfte und ich überdies so mancherlei gegen die Bieberbach'sche Darstellung einzuwenden hätte, so hoffe ich immerhin keine ganz überflüssige Arbeit zu leisten, wenn ich im folgenden versuche, den fraglichen Beweis etwas mehr „*in usum delphini*" herzurichten. Ich halte es dabei für zweckmäßig, die Trennung der beiden oben mit (A) und (B) bezeichneten Bestandteile beizubehalten, da das Kriterium (A) mir auch unabhängig von der vorliegenden Anwendung einen prinzipiellen Wert zu besitzen scheint und ich diese Gelegenheit benützen möchte, um zu zeigen, wie dasselbe, in seiner jetzigen Isoliertheit etwas schwerfällig und fremdartig wirkend, sukzessive ganz natürlich aus dem einfachsten Kriterium dieser Gattung, dem ehemals „Vivanti'schen" Satze herauswächst[2]).

2. Auf Grund eines bekannten Singularitäts-Kriteriums[3]) ist die Stelle $x = 1$ allemal dann eine *singuläre* für die mit dem Konvergenzradius 1 versehene Reihe $\sum a_\nu x^\nu$, wenn:

[1]) S. 300/9: „Beweis eines Satzes von Fabry".
[2]) In dieser Hinsicht bildet die vorliegende Mitteilung eine direkte Fortsetzung der im vorigen Jahrgang S. 343—358 enthaltenen.
[3]) Dieser Berichte Jahrg. 1912, S. 82, Gl. (108). Auch wiedergegeben in: E. Landau, Darstellung und Begründung einiger neuerer Ergebnisse der Funktionentheorie [1916], S. 71.

(1)
$$\overline{\lim_{\lambda \to \infty}} \; | A_{p_\lambda} |^{\frac{1}{p_\lambda}} = 1,$$

wo:
$$A_{p_\lambda} = \sum_{-\vartheta p_\lambda}^{+\vartheta p_\lambda}{}^\nu \frac{p_\lambda! \; p_\lambda!}{(p_\lambda - \nu)! \; (p_\lambda + \nu)!} a_{p_\lambda + \nu}$$

$$= \sum_{(1-\vartheta)p_\lambda}^{(1+\vartheta)p_\lambda}{}^\nu \frac{p_\lambda! \; p_\lambda!}{(2 p_\lambda - \nu)! \; \nu!} a_\nu \equiv \sum_{(1-\vartheta)p_\lambda}^{(1+\vartheta)p_\lambda}{}^\nu C_{p_\lambda, \nu} \, a_\nu.$$

Dabei bedeutet ϑ einen positiven echten Bruch, etwa den reziproken Wert einer natürlichen Zahl $\Theta > 1$, (p_λ) eine unbegrenzte Folge beständig wachsender ganzer Multipla von Θ, die wir jetzt noch den Bedingungen unterwerfen wollen:

(2)
$$\frac{p_{\lambda+1}}{p_\lambda} \geq 2 \; {}^1) \quad (\text{z. B. } p_\lambda = 2^\lambda).$$

Durch dieses verhältnismäßig schnelle Anwachsen der p_λ soll erzielt werden, daß *kein* Summand von A_{p_λ} in $A_{p_{\lambda+1}}$ vorkommt. Hierzu wäre zunächst *notwendig und hinreichend*, daß:

$$(1 - \vartheta) p_{\lambda+1} > (1 + \vartheta) p_\lambda, \quad \text{also:} \quad \frac{p_{\lambda+1}}{p_\lambda} > \frac{1 + \vartheta}{1 - \vartheta} = 1 + \frac{2 \vartheta}{1 - \vartheta}.$$

Es genügt daher schon umsomehr, $\vartheta \leq \frac{1}{4} \left(\text{also } \frac{2\vartheta}{1 - \vartheta} \leq \frac{2}{3} \right)$ und die p_λ gemäß der Festsetzung (2) anzunehmen, damit das Gewünschte erreicht wird. Die Koeffizienten $C_{p_\lambda, \nu}$ in (1) sind bis auf den mittelsten, nämlich $C_{p_\lambda, p_\lambda} = 1$, *positive echte* Brüche (die, beiläufig bemerkt, bis zur Mitte beständig *wachsen*, sodann symmetrisch zur Mitte beständig *abnehmen*).

${}^1)$ Man hat hiernach, wie für später hier angemerkt werden soll:

$$\frac{p_{\lambda-1}}{p_\lambda} \leq \frac{1}{2}$$

$$\frac{p_\varkappa}{p_\lambda} = \frac{p_\varkappa}{p_{\varkappa+1}} \cdot \frac{p_{\varkappa+1}}{p_{\varkappa+2}} \cdots \frac{p_{\lambda-1}}{p_\lambda} \leq \left(\frac{1}{2} \right)^{\lambda - \varkappa}$$

für jedes $\varkappa < \lambda$.

Schließlich sei noch daran erinnert, daß man *unter der Vor-*
aussetzung $\varlimsup\limits_{\lambda \to \infty} | \Re (a_{p_\lambda}) |^{\frac{1}{p_\lambda}} = 1$ auf Grund einer in der vorigen
Mitteilung gemachten Bemerkung[1]) den Beweis auf die Reihe
$\sum \Re (a_\nu) x^\nu$ beschränken und daher die Bedingung (1) auch durch
die folgende ersetzen kann:

$$(1\,\mathrm{a}) \qquad \varlimsup_{\lambda \to \infty} | \Re (A_{p_\lambda}) |^{\frac{1}{p_\lambda}} = 1, \ \ \text{wo:} \ \Re (A_{p_\lambda}) = \sum_{(1-\vartheta)p_\lambda}^{(1+\vartheta)p_\lambda} C_{p_\lambda, \nu} \Re(a_\nu),$$

oder auch, wenn $\Re (a_\nu) = a_\nu$ und $\varlimsup\limits_{\nu \to \infty} | a_{p_\lambda} |^{\frac{1}{p_\lambda}} = 1$:

$$(1\,\mathrm{b}) \qquad \varlimsup_{\lambda \to \infty} | A_{p_\lambda} |^{\frac{1}{p_\lambda}} = 1; \ \ \text{wo:} \ A_{p_\lambda} = \sum_{(1-\vartheta)p_\lambda}^{(1+\vartheta)p_\lambda} C_{p_\lambda, \nu} a_\nu.$$

Angenommen nun, es seien die a_ν innerhalb jeder einzelnen
Teilsumme A_{p_λ} gleichbezeichnet, so hat man:

$$| A_{p_\lambda} | = \sum_{(1-\vartheta)p_\lambda}^{(1+\vartheta)p_\lambda} C_{p_\lambda, \nu} | a_\nu | > | a_{p_\lambda} |$$

und daher:

$$\varlimsup_{\nu \to \infty} | A_{p_\lambda} |^{\frac{1}{p_\lambda}} \geq \varlimsup_{\nu \to \infty} | a_{p_\lambda} |^{\frac{1}{p_\lambda}} = 1.$$

Man gewinnt also unmittelbar die folgende wesentliche Verallgemeinerung des ehemals „Vivanti'schen" Satzes:

Enthält die mit dem Konvergenzradius 1 versehene Reihe
$\sum a_\nu x^\nu$ *eine unbegrenzte Folge von Teilsummen* $\sum\limits_{(1-\vartheta)p_\lambda}^{(1+\vartheta)p_\lambda} a_\nu x^\nu$
von der Beschaffenheit, daß die $a_\nu = \Re (a_\nu)$ *in jedem ein-*
zelnen dieser „Ausschnitte" keinen Zeichenwechsel erleiden[2])
und $\varlimsup\limits_{\nu \to \infty} | a_{p_\lambda} |^{\frac{1}{p_\lambda}} = 1$ *ist, so hat sie die singuläre Stelle* $x = 1$.

---

[1]) Dieser Berichte Jahrg. 1928, S. 357, Nr. 9.
[2]) Dabei kann das Vorzeichen der a_ν in *verschiedenen* Ausschnitten
verschieden sein. Noch mehr: da ja nur die *Absolutwerte* $| A_{p_\lambda} |$ bzw. $| A_{p_\lambda} |$

3. Während bei dem vorstehenden Satze das Zeichenwechsel-Verbot, auf gewisse Ausschnitte der Reihe beschränkt, nur für die Zwischenräume gänzlich aufgehoben wird, so gestattet der folgende, freilich wesentlich umständlicher zu beweisende Satz das Auftreten von Zeichenwechseln auch innerhalb jener Ausschnitte, sofern nur die *Anzahl* der Zeichenwechsel in bestimmter Weise *beschränkt* ist. Er lautet:

Ist m_λ die Anzahl der in den Ausschnitten $\sum_\nu^{(1+\vartheta)p_\lambda}_{(1-\vartheta)p_\lambda} a_\nu x^\nu$ vorkommenden Zeichenwechsel der $a_\nu = \Re(a_\nu)$ und besteht (wie zuvor) die Bedingung $\overline{\lim_{\lambda \to \infty}} |a_{p_\lambda}|^{\frac{1}{p_\lambda}} = 1$, so ist die Stelle $x = 1$ eine singuläre für die Reihe $\sum a_\nu x^\nu$ (mit dem Konvergenzradius 1) wenn:

$$m_\lambda < p_\lambda.$$

Beweis. Der Beweis, der ja wieder von vornherein auf die Reihe $\sum a_\nu x^\nu$ beschränkt werden kann, beruht im Anschluß an die oben erwähnte Bemerkung des Herrn **Faber** auf der Heranziehung einer Hilfsreihe von der Form $\sum g(\nu) \cdot a_\nu x^\nu$, wo $g(y)$ eine für reelle y reelle ganze transzendente Funktion bedeutet, deren *Nullstellen* so gewählt sind, daß die in den Ausschnitten von $\sum a_\nu x^\nu$ vorhandenen Zeichenwechsel in den entsprechenden Ausschnitten von $\sum g(\nu) \cdot a_\nu x^\nu$ verschwunden sind.

Wegen: $\overline{\lim_{\lambda \to \infty}} |a_{p_\lambda}|^{\frac{1}{p_\lambda}} = 1$ muß es unendlich viele λ geben, für welche $a_{p_\lambda} \neq 0$ ist. Sollte dies nicht für *alle* λ der Fall sein, so wollen wir im folgenden nur *solche* λ zulassen. Dabei steht es ohne Beschränkung der Allgemeinheit sogar frei: $a_{p_\lambda} > 0$ anzunehmen, da es sich ja in dem vorliegenden Zusammenhange schließlich immer nur um den *Absolutwert* von A_{p_λ} handelt und $|A_{p_\lambda}|$ nach Bedarf auch durch $|-A_{p_\lambda}|$ ersetzt werden kann.

---

in Betracht kommen und diese unverändert bleiben, wenn man die Glieder mit einem gemeinsamen (übrigens mit λ auch beliebig veränderlichen) *Einheitsfaktor* multipliziert, so gilt der vorliegende Satz auch unter der bezüglich der a_ν bzw. a_ν entsprechend erweiterten Voraussetzung. Vgl. auch den Übergang des Satzes von Nr. 3 zu demjenigen von Nr. 4 (S. 107).

Haben nun a_ν, $a_{\nu+1}$ für irgend ein ν entgegengesetzte Vorzeichen, so wollen wir sagen, es finde „bei $(a_\nu, a_{\nu+1})$" ein *Zeichenwechsel* statt. Sind a_ν, $a_{\nu+2}$ von Null verschieden und von entgegengesetztem Vorzeichen, während $a_{\nu+1} = 0$, so sagen wir analog, es finde „bei $(a_\nu, a_{\nu+2})$" ein *Zeichenwechsel* statt und entsprechend: „bei $(a_\nu, a_{\nu+\varrho})$", wenn a_ν, $a_{\nu+\varrho}$ verschiedenes Vorzeichen haben und $a_{\nu+1} = a_{\nu+2} = \ldots = a_{\nu+\varrho-1} = 0$ ist.

Wir wählen nun die *Nullstellen* der zu bildenden ganzen Funktion $g(y)$ in folgender Weise. Findet bei $(a_\nu, a_{\nu+1})$ bzw. $(a_\nu, a_{\nu+\varrho})$ ein Zeichenwechsel statt und ist $\nu + 1 \leqq p_\lambda$ bzw. $\nu + \varrho \leqq p_\lambda$, so machen wir die Zahl ν zu einer (einfachen) Nullstelle von $g(y)$; dagegen die Zahl $\nu + 1$ bzw. $\nu + \varrho$, wenn $\nu \geqq p_\lambda$. Durch diese Festsetzung wird vermieden, daß jemals p_λ unter den *Nullstellen* von $g(y)$ vorkommen kann. Denn, findet bei $(a_{p_\lambda-1}, a_{p_\lambda})$ ein Zeichenwechsel statt, so wird nach obiger Vorschrift $p_\lambda - 1$ zur *Nullstelle*, während das letztere für $p_\lambda + 1$ gilt, wenn bei $(a_{p_\lambda}, a_{p_\lambda+1})$ ein Zeichenwechsel stattfindet[1]).

Zu den nach Voraussetzung innerhalb des Ausschnittes

$$\sum_{(1-\vartheta)p_\lambda}^{(1+\vartheta)p_\lambda \nu} a_\nu x^\nu$$

bzw. innerhalb der Summe A_{p_λ} vorhandenen m_λ Zeichenwechseln gehört eine Folge von m_λ ganzzahligen Indizes ν, etwa:

$$\nu_1^{(\lambda)}, \ \nu_2^{(\lambda)}, \ \ldots \ \nu_{m_\lambda}^{(\lambda)},$$

welche nach Maßgabe der gemachten Festsetzung zu *Nullstellen* von $g(y)$ bestimmt sind. Wir denken uns diese Zahlen, mit einem gewissen $\lambda = l$ beginnend, der Größe nach für $\lambda = l$, $l+1$, $l+2$, ... in eine einzige unbegrenzte Folge geordnet und in dieser Anordnung mit:

$$q_1, q_2, \ldots q_\mu, \ldots$$

bezeichnet, sodaß also:

---

[1]) Steht von vornherein fest, daß bei a_{p_λ} weder links noch rechts ein Zeichenwechsel stattfindet, so wird die im Text angegebene „Vorsichtsmaßregel" überflüssig, und man kann alsdann nach Belieben *durchweg* die im Text mit ν oder die mit $\nu+1$ bezeichneten Zahlen zu Nullstellen von $g(y)$ machen.

$$q_1 = \nu_1^{(l)}, \quad q_2 = \nu_2^{(l)}, \quad \ldots \quad q_{m_l} = \nu_{m_l}^{(l)}$$

$$q_{m_l+1} = \nu_1^{(l+1)}, \quad q_{m_l+2} = \nu_2^{(l+1)}, \quad \ldots \quad q_{m_l+1} = \nu_{m_{l+1}}^{(l+1)}$$

$$q_{m_{l+1}+1} = \nu_1^{(l+2)}, \quad \text{u. s. f.}$$

Um dem zur Darstellung von $g(y)$ dienlichen unendlichen Produkt die Konvergenz und ein noch näher zu bezeichnendes infinitäres Verhalten su sichern, ist vor allem der Nachweis erforderlich, daß $q_\mu > \mu$. Es gehöre q_μ zu einem durch irgend ein bestimmtes λ charakterisierten Reihen-Ausschnitt bzw. Komplex A_{p_λ}, so hat man zunächst:

$$\mu < m_l + m_{l+1} + \ldots + m_\lambda.$$

In Folge der Voraussetzung $m_\lambda < p_\lambda$ kann man setzen:

$$m_l < \varepsilon_l\, p_l, \quad m_{l+1} < \varepsilon_{l+1}\, p_{l+1}, \quad \ldots \quad m_\lambda < \varepsilon_\lambda\, p_\lambda,$$

wo (ε_λ) $(\lambda = l,\ l+1,\ l+2,\ \ldots\ldots)$ eine mit $\lambda \to \infty$ monoton nach *Null* konvergierende Folge bedeutet. Man findet daher:

$$\mu < \varepsilon_l\, p_l + \varepsilon_{l+1}\, p_{l+1} + \ldots + \varepsilon_\lambda\, p_\lambda$$

und, wenn noch $\left[\dfrac{\lambda}{2}\right] = \lambda'$ gesetzt wird:

$$(3) \qquad \mu < \varepsilon_l\, (p_l + p_{l+1} + \ldots + p_{\lambda'-1}) + \varepsilon_{\lambda'}\, (p_{\lambda'} + p_{\lambda'+1} + \ldots + p_\lambda).$$

Andererseits hat man, da q_μ einen der innerhalb A_{p_λ} vorkommenden Indizes $\nu_1^{(\lambda)}, \nu_2^{(\lambda)}, \ldots \nu_{m_\lambda}^{(\lambda)}$ bedeutet, also jedenfalls *nicht kleiner* ist, als der Index des Anfangsgliedes von A_{p_λ}:

$$(4) \qquad\qquad q_\mu \geqq (1 - \vartheta)\, p_\lambda.$$

Durch Vereinigung von Ungl. (3) und (4) ergibt sich also:

$$\frac{\mu}{q_\mu} < \frac{1}{1-\vartheta}\left(\varepsilon_l\left(\frac{p_l}{p_\lambda} + \ldots + \frac{p_{\lambda'-1}}{p_\lambda}\right) + \varepsilon_{\lambda'}\left(\frac{p_{\lambda'}}{p_\lambda} + \ldots + \frac{p_{\lambda-1}}{p_\lambda} + 1\right)\right)$$

und mit Berücksichtigung von Fußn. 1 und Ungl. (2), S. 99:

$$\frac{\mu}{q_\mu} < \frac{1}{1-\vartheta}\left\{\varepsilon_l\left(\left(\frac{1}{2}\right)^{\lambda-l} + \ldots + \left(\frac{1}{2}\right)^{\lambda-\lambda'+1}\right) + \varepsilon_{\lambda'}\left(\left(\frac{1}{2}\right)^{\lambda-\lambda'} + \ldots + \frac{1}{2} + 1\right)\right\}$$

$$< \frac{1}{1-\vartheta}\left\{\left(\frac{1}{2}\right)^{\lambda-\lambda'}\varepsilon_l + 2\,\varepsilon_{\lambda'}\right\},$$

also schließlich, wegen: $\lim\limits_{\lambda \to \infty} \left(\dfrac{1}{2}\right)^{\lambda - \lambda'} = 0$, $\lim\limits_{\lambda \to \infty} \varepsilon_\lambda = 0$ und $\mu \to \infty$

für $\lambda \to \infty$:

(5) $\qquad \lim\limits_{\mu \to \infty} \dfrac{\mu}{q_\mu} = 0$, anders geschrieben: $q_\mu \succ \mu$.

Infolgedessen konvergiert also die Reihe $\sum\limits_1^\infty {}_\mu \dfrac{1}{q_\mu^2}$, und die mit den *einfachen Nullstellen* $\pm q_\mu$ versehene primitive ganze Funktion:

(6) $\qquad g(y) \equiv \prod\limits_1^\infty {}_\mu \left(1 - \dfrac{y^2}{q_\mu^2}\right)$

gehört *höchstens* dem *Minimaltypus* der Ordnung 1 an[1]) und genügt daher für alle hinlänglich großen $|y|$ einer Ungleichung von der Form:

(7) $\qquad |g(y)| < e^{\varepsilon |y|}$ (etwa für $|y| > \Re_\varepsilon$).[2])

Sie genügt aber auch, wie aus einer von mir bei früherer Gelegenheit[3]) angegebenen Abschätzung hervorgeht, der Ungleichung:

(8) $\qquad |g(p_\lambda)| > e^{-\varepsilon |p_\lambda|}$ (für alle hinlänglich großen λ),

sodaß durch Anwendung von Ungl. (7) auf $y = p_\lambda$ und Kombination mit Ungl. (8) sich schließlich ergibt:

(9) $\qquad \lim\limits_{\lambda \to \infty} |g(p_\lambda)|^{\frac{1}{p_\lambda}} = 1$.

Bildet man jetzt die Hilfsreihe $\sum g(\nu) a_\nu x^\nu$ und setzt (nach Analogie der mit A_{p_λ} bezeichneten Summen):

(10) $\qquad B_{p_\lambda} \equiv \sum\limits_{(1-\vartheta)p_\lambda}^{(1+\vartheta)p_\lambda} {}_\nu \, C_{p_\lambda, \nu}' \, g(\nu) \cdot a,$

---

[1]) Vgl. Math. Ann. 58 [1901] S. 301, Fußn. u. S. 313.

[2]) Kann auch leicht direkt bewiesen werden, ohne auf das Zitat von Fußn. 1 zu rekurrieren: s. dieser Berichte Jahrg. 1912, S. 87/8.

[3]) A. a. O. der vorigen Fußnote, S. 88—91. Man hat nur zu beachten, daß die Schlüsse, welche dort unter spezielleren Voraussetzungen bezüglich der mit p_ν, q_ν bezeichneten Zahlen gemacht werden, ihre Geltung behalten, wenn nur (p_ν), (q_ν) zwei den Bedingungen $p_\nu \succ \nu$, $q_\nu \succ \nu$ genügende ganzzahlige Folgen ohne gemeinsames Element bedeuten.

so *verschwinden* hier alle Glieder mit den Indizes $\nu = q_\mu$ (wo: $\nu_1^{(\lambda)} \leqq q_\mu \leqq \nu_{m_\lambda}^{(\lambda)}$), d. h. alle diejenigen Glieder, deren korrespondierende in A_{p_λ} einen Zeichenwechsel aufweisen. Andererseits erleidet beim Durchgange von y durch ein q_μ *ein* Faktor $\left(1 - \dfrac{y^2}{q_\mu^2}\right)$ von $g(y)$ und somit $g(y)$ selbst einen Zeichenwechsel, und durch das Zusammenwirken dieser beiden Serien von Zeichenwechseln wird erreicht, daß alle nicht verschwindenden Glieder von B_{p_λ} *dasselbe* Vorzeichen besitzen (nämlich dasselbe, wie das Anfangsglied $a_{(1-\vartheta)p_\lambda}$).

Um dies etwas näher zu begründen, wollen wir (lediglich in dem vorliegenden Zusammenhange!) durch die Schreibweise:

$$P \parallel Q \quad \text{bzw.} \quad P + Q$$

anzeigen, daß die beiden reellen Zahlen P, Q *gleiches* bzw. *entgegengesetztes Vorzeichen* haben.

Angenommen, es finde nun bei einem (der ersten Hälfte von A_{p_λ} angehörigen a_ν) ein *vereinzelter* Zeichenwechsel statt, sodaß also:

(I) $\qquad\qquad a_{\nu-1} \parallel a_\nu + a_{\nu+1} \parallel a_{\nu+2}$

und daher:

$$g(\nu) = 0, \; g(\nu-1) + g(\nu+1) \mid g(\nu+2).$$

Alsdann wird:

$$g(\nu)\cdot a_\nu = 0, \; g(\nu-1)\cdot a_{\nu-1} \parallel g(\nu+1)\cdot a_{\nu+1} \parallel g(\nu+2)\cdot a_{\nu+2},$$

und der Zeichenwechsel ist somit verschwunden.

Wird jetzt *zweitens* angenommen, daß auf a_ν *zwei konsekutive* Zeichenwechsel folgen, also:

(II) $\qquad\qquad a_{\nu-1} \mid a_\nu + a_{\nu+1} + a_{\nu+2} \mid a_{\nu+3}$

und daher:

$$g(\nu) = g(\nu+1) = 0, \quad g(\nu-1) \parallel g(\nu+2) \mid g(\nu+3),$$

mithin schließlich:

$$g(\nu)\cdot a_\nu = g(\nu+1)\cdot a_{\nu+1} = 0,$$
$$g(\nu-1)\cdot a_{\nu-1} \mid g(\nu+2)\cdot a_{\nu+2} \parallel g(\nu+3)\cdot a_{\nu+3},$$

sodaß also die beiden Zeichenwechsel verschwunden sind.

Ganz analog, wie im Falle (I), gestalten sich die Verhältnisse, wenn auf a_ν eine *ungerade* Anzahl $(2\varrho+1)$ *konsekutiver* Zeichenwechsel folgt; analog, wie im Falle (II), bei einer *geraden* Anzahl (2ϱ). Man findet im *ersten* dieser Fälle:

$$g(\nu-1)\cdot a_{\nu-1} \| g(\nu+2\varrho+1)\cdot a_{\nu+2\varrho+1},$$

im *zweiten*:

$$g(\nu-1)\cdot a_{\nu-1} \| g(\nu+2\varrho)\cdot a_{\nu+2\varrho},$$

während die *Zwischenglieder verschwinden*.

Durch wiederholte Anwendung dieser Schlußweise (mit $\nu = \nu_1^{(\lambda)}$ beginnend und mit der vorschriftsmäßigen Abänderung in der zweiten Hälfte von A_{p_λ}) ergibt sich die Richtigkeit der ausgesprochenen Behauptung.

Da überdies durch Kombination der über $|a_{p_\lambda}|^{\frac{1}{p_\lambda}}$ gemachten Voraussetzung mit Gl. (9) resultiert:

$$\varlimsup_{\lambda\to\infty} g(p_\lambda)\cdot a_{p_\lambda}{}^{\frac{1}{p_\lambda}} = \lim_{\lambda\to\infty} g(p_\lambda)^{\frac{1}{p_\lambda}}\cdot \varlimsup_{\lambda\to\infty}|a_{p_\lambda}|^{\frac{1}{p_\lambda}} = 1,$$

so findet man durch Anwendung des Satzes von Nr. 2 auf $\sum g(\nu)\cdot a_\nu x^\nu$, daß diese Reihe die singuläre Stelle $x=1$ besitzt. Da andererseits nach einem bekannten Satze[1] $\sum g(\nu)x^\nu$ *keine andere* singuläre Stelle als $x=1$ besitzt, so folgt schließlich aus einem elementar beweisbaren Spezialfall[2] eines allgemeineren Hadamard'schen Satzes über den Zusammenhang der Singularitäten von $\sum a_\nu b_\nu x^\nu$ mit denjenigen von $\sum a_\nu x^\nu$, $\sum b_\nu x^\nu$, daß die Stelle $x=1$ auch eine singuläre für $\sum a_\nu x^\nu$ bzw. $\sum a_\nu x^\nu$ ist.

4. Da der Absolutwert von A_{p_λ} bzw. $A_{p_\lambda} \equiv \sum\limits_{(1-\vartheta)p_\lambda}^{(1+\vartheta)p_\lambda} C_{\lambda,\nu} a_\nu$ ungeändert bleibt, wenn man jedes Glied der betreffenden Summe mit einem gemeinsamen Einheitsfaktor $e^{-\gamma_\lambda i}$ multipliziert (der mit λ variieren kann), so hat man:

$$(11) \qquad |A_{p_\lambda}| = \left| \sum\limits_{(1-\vartheta)p_\lambda}^{(1+\vartheta)p_\lambda} C_{p_\lambda,\nu} a_\nu e^{-\gamma_\lambda i} \right|.$$

Wenn nun die Voraussetzungen des vorigen Satzes (insbe-

----

[1] Dieser Berichte Jahrg. 1912, S. 40, Nr. 6.
[2] Ebendaselbst, S. 68.

sondere die Bedingung: $m_\lambda < p_\lambda$) nicht von vornherein, wohl aber für das umgeformte $|A_{p_\lambda}|$ von Gl. (11) erfüllt sind (wobei also $\Re\,(a_{p_\lambda}\,e^{-\gamma_\lambda\,t})$ an die Stelle von $a_{p_\lambda}\equiv\Re\,(a_{p_\lambda})$ tritt), so ergibt sich die folgende Verallgemeinerung jenes Satzes (das „Fabry'sche Kriterium (A)):

Ist $\overline{\lim_{\nu\to\infty}}\,|a_\nu|^{\frac{1}{\nu}}=1$ *und gibt es reelle Zahlen* γ_λ *von der Beschaffenheit, daß* $\overline{\lim_{\lambda\to\infty}}\,|\Re\,(a_{p_\lambda}\,e^{-\gamma_\lambda\,t})|^{\frac{1}{p_\lambda}}=1$ *und, wenn jetzt* m_λ *die Anzahl der Zeichenwechsel der Realteile in dem Reihenausschnitt* $\sum_{(1-\vartheta)p_\lambda}^{(1+\vartheta)p_\lambda}\,a_\nu\,e^{-\gamma_\lambda\,t}\,x^\nu$ *bedeutet:*

$$m_\lambda < p_\lambda,$$

so hat die Reihe $\sum a_\nu\,x^\nu$ *die singuläre Stelle* $x=1$.

5. Wie bereits auf S. 98 in Aussicht gestellt, beweisen wir jetzt mit Hilfe des vorstehenden Kriteriums den Satz:

Ist $\lim\limits_{\nu\to\infty}\dfrac{a_\nu}{a_{\nu+1}}=1$[1]), *so hat die Reihe* $\sum a_\nu\,x^\nu$ *die singuläre Stelle* $x=1$.

Beweis. Aus der Voraussetzung folgt zunächst, daß

$$\lim_{\nu\to\infty}|a_\nu|^{\frac{1}{\nu}}=1$$

und zum mindesten von einer bestimmten Stelle ν ab durchweg:

$$a_\nu \neq 0.$$

Es erscheint zweckmäßig, das Mittelglied a_{p_λ} des für den Beweis wiederum maßgebenden Ausdrucks:

$$A_{p_\lambda}=\sum_{(1-\vartheta)p_\lambda}^{(1+\vartheta)\,p_\lambda}C_{p_\lambda,\,\nu}\,a_\nu$$

durch gliedweise Multiplikation dieser Summe mit dem Einheits-

---

[1]) Der allgemeinere Fall $\lim\limits_{\nu\to\infty}\dfrac{a_\nu}{a_{\nu+1}}=a$, wo a beliebig komplex, wird mit Hilfe der Transformation $x=a\,y$ auf den vorliegenden zurückgeführt.

faktor $\dfrac{|a_{p_\lambda}|}{a_{p_\lambda}}$ *reell positiv*, nämlich $= |a_{p_\lambda}|$ zu machen. Setzt man zur Abkürzung:

$$(12) \quad \frac{|a_{p_\lambda}|}{a_{p_\lambda}} \cdot A_{p_\lambda} = A'_{p_\lambda}, \qquad \frac{|a_{p_\lambda}|}{a_{p_\lambda}} \cdot a_\nu = a'_\nu, \qquad a'_\nu = |a_\nu|\, e_\nu,$$

sodaß also, wenn ν und eventuell auch $\nu + 1$ auf die Intervalle $(1 - \vartheta)\, p_\lambda \cdots (1 + \vartheta)\, p_\lambda$ beschränkt wird,

$$(13) \quad |A_{p_\lambda}| = |A'_{p_\lambda}|, \quad |a'_\nu| = |a_\nu|, \quad \lim_{\nu \to \infty} \frac{a'_\nu}{a'_{\nu+1}} = 1,$$

so wird:

$$(14) \quad A'_{p_\lambda} = \sum_{(1-\vartheta)\,p_\lambda}^{(1+\vartheta)\,p_\lambda} C_{p_\lambda,\,\nu}\, a'_\nu = \sum_{(1-\vartheta)\,p_\lambda}^{(1+\vartheta)\,p_\lambda} C_{p_\lambda,\,\nu}\, |a_\nu|\, e_\nu$$

(wo speziell: $C_{p_\lambda,\,p_\lambda}\, |a_{p_\lambda}|\, e_{p_\lambda} = |a_{p_\lambda}|, \; e_{p_\lambda} = 1$).

Man findet sodann $\left(\text{wegen: } \lim\limits_{\nu \to \infty} \dfrac{a'_{\nu+1}}{a'_\nu} = 1 = \lim\limits_{\nu \to \infty} \left|\dfrac{a'_{\nu+1}}{a'_\nu}\right|\right)$ zunächst:

$$(15) \quad \lim_{\nu \to \infty} \frac{e_{\nu+1}}{e_\nu} = 1$$

also, wegen $|e_\nu| = 1$:

$$\lim_{\nu \to \infty} |e_{\nu+1} - e_\nu| = 0$$

und schließlich, wenn man mit $\overset{\frown}{e_\nu\, e_{\nu+1}}$ den *kleineren*[1]) die Punkte e_ν und $e_{\nu+1}$ verbindenden Bogen des Einheitskreises, übrigens ausdrücklich in der *Richtung* $e_\nu \to e_{\nu+1}$, mit $|\overset{\frown}{e_\nu\, e_{\nu+1}}| = |\overset{\frown}{e_{\nu+1}\, e_\nu}|$ dessen *absolute Länge* bezeichnet, als unmittelbare Folge von Gl. (15):

$$(16) \quad \lim_{\nu \to \infty} |\overset{\frown}{e_\nu\, e_{\nu+1}}| = 0.$$

Hiernach kann, wenn die e_ν einem Ausdrucke von der Form (14) angehören (sodaß also: $(1 - \vartheta)\, p_\lambda \leq \nu < \nu + 1 \leq (1 + \vartheta)\, p_\lambda$) gesetzt werden:

---

[1]) Der Grenzfall, in dem die beiden Teilbögen einander gleich werden, kommt in dem vorliegenden Zusammenhange niemals in Betracht.

(16 a) $$ |\widehat{\mathfrak{e}_\nu\, \mathfrak{e}_{\nu+1}} | < \varepsilon_\lambda , $$

wo (ε_λ) eine Folge niemals zunehmender, mit $\lambda \to \infty$ nach *Null* konvergierender positiver Zahlen bedeutet.

Um über die mögliche Verteilung der in irgend einem A'_{p_λ}, etwa für $\lambda > l$, enthaltenen $\mathfrak{e}_\nu$ einen Überblick zu gewinnen, wählen wir zum Ausgangspunkt das für $\nu = p_\lambda$ resultierende Mittelglied von A'_{p_λ} (s. Gl. (14)), also den Punkt $a'_{p_\lambda} = |a_{p_\lambda}|$ (mit dem Einheitsfaktor $\mathfrak{e}_{p_\lambda} = 1$). Mit Rücksicht auf Ungl. (16 a) wird, bei einigermaßen beträchtlichem Kleinheitsgrad von ε_λ, im Anschluß an $\mathfrak{e}_{p_\lambda} = 1$ eine verhältnismäßig große Anzahl von Punkten $\mathfrak{e}_{p_\lambda \pm 1}$, $\mathfrak{e}_{p_\lambda \pm 2}$, . . . der *rechten* Hälfte des Einheitskreises angehören, also *positive* Realteile besitzen. Sollte dies durchweg für alle A'_{p_λ} der Fall sein, so wäre damit nach dem Satze von Nr. 2 die singuläre Beschaffenheit der Stelle $x = 1$ bereits erwiesen. Das gleiche würde sich auf Grund des Satzes von Nr. 3 ergeben, wenn zwar *Zeichenwechsel* der $\Re (\mathfrak{e}_\nu)$ aber nur in Anzahlen $m_\lambda < p_\lambda$ vorhanden wären.

Im allgemeinen wird man aber damit rechnen müssen, daß die $\Re (a'_\nu)$ bzw. $\Re (\mathfrak{e}_\nu)$ *Zeichenwechsel* in einer die angegebene Schranke übersteigenden Anzahl aufweisen und daß hiernach unser nächstliegendes Ziel darin bestehen wird, ihre Anzahl ausreichend zu reduzieren, um die Anwendbarkeit des Satzes von Nr. 4 zu ermöglichen.

Nehmen wir zunächst einmal an, daß bei Verfolgung der dem Komplexe A'_{p_λ} angehörigen, auf dem Einheitskreise gelegenen Punkte $\mathfrak{e}_\nu$, von $\mathfrak{e}_{p_\lambda} = 1$ anfangend über $\mathfrak{e}_{p_\lambda+1}$, $\mathfrak{e}_{p_\lambda+2}$, . . . man zum *ersten* Male zu einem Punkte $\mathfrak{e}_\nu$ gelange, der, noch *vor* der Stelle i liegend, einen *jenseits* i liegenden Nachfolger $\mathfrak{e}_{\nu+1}$ habe, sodaß also $\Re (\mathfrak{e}_\nu) > 0$, dagegen $\Re (\mathfrak{e}_{\nu+1}) < 0$, mithin beim Übergange von $\mathfrak{e}_\nu$ zu $\mathfrak{e}_{\nu+1}$ zum *ersten* Male ein *Zeichenwechsel* eintrete [1]).

Ein solcher wird sich dann wiederholen, so oft ein Bogen $\widehat{\mathfrak{e}_\nu\, \mathfrak{e}_{\nu+1}}$ die Stelle i *oder auch* $-i$ *im Innern* enthält oder, wie wir von

---

[1]) Sollte dieser Vorgang sich statt an der Stelle i an der Stelle $-i$ abspielen, so wäre nur die Ausdrucksweise entsprechend zu modifizieren.

jetzt ab sagen wollen, so oft der Punkt i oder $-i$ von einem Bogen $\overarc{e_\nu\, e_{\nu+1}}$ *überdeckt* wird.

In dieser Hinsicht ist aber auch noch *die* Eventualität zu berücksichtigen, daß z. B. $\Re(e_\nu) > 0$, sodann der Punkt $e_{\nu+1}$ *auf* i *fällt*, also $\Re(e_{\nu+1}) = 0$ zu setzen ist. Sollte hierauf wieder $\Re(e_{\nu+2}) > 0$ sein, so hat überhaupt *kein Zeichenwechsel* stattgefunden. Ist dagegen $\Re(e_{\nu+2}) < 0$ oder aber, um gleich den allgemeinsten Fall dieser Art anzunehmen, auch $\Re(e_{\nu+2}) = 0$ u.s.f., schließlich $\nu + \varrho$ (wo also $\varrho \geq 2$) der *erste* Index, für welchen $e_{\nu+\varrho} \neq i$ und zugleich $\Re(e_{\nu+\varrho}) < 0$, so wollen wir die Vereinigung der beiden Bögen $\overarc{e_\nu\, e_{\nu+1}}$, $\overarc{e_{\nu+1}\, e_{\nu+\varrho}}$ als einen einzigen „kombinierten" Bogen $\overarc{e_\nu\, e_{\nu+\varrho}}$ auffassen und können alsdann sagen: auch wenn die Stelle i oder $-i$ von einem solchen *kombinierten Bogen* überdeckt wird, so findet beim Übergange von dem einen *Endpunkt* zum *andern* ein *Zeichenwechsel* der zugehörigen Realteile statt.

Die Gesamtheit der Bögen $\overarc{e_\nu\, e_{\nu+1}}$, wie zuvor bereits begonnen, von $\nu = p_\lambda$ angefangen bis $\nu = (1+\vartheta)p_\lambda - 1$, sodann diejenige der Bögen $\overarc{e_\nu\, e_{\nu+1}}$, wieder von $\nu = p_\lambda$ angefangen bis $\nu = (1-\vartheta)p_\lambda + 1$ (*Gesamtzahl* $= 2\vartheta p_\lambda$) bildet einen *zusammenhängenden Weg* S_λ, der aus (verhältnismäßig kleinen) Teilbögen von Einheitskreisen bestehend, wenn man ihn jetzt in *einem* Zuge, von der Stelle $\nu = (1-\vartheta)p_\lambda$ anfangend, nach schrittweise wachsenden Indizes bis $\nu = (1+\vartheta)p_\lambda$ verfolgt, seine *Richtung* beliebig oft wechseln, sich selbst also *abteilungsweise mehrfach überdecken*, schließlich als *Belegung* eines als feste Unterlage zu denkenden *Einheitskreises* diesen selbst bei hinlänglicher Vergrößerung von λ *beliebig oft umlaufen und überdecken* kann. Bezeichnet man für $\lambda \geq l$ mit $|S_\lambda|$ die *gesamte Länge* dieses Weges, so folgt aus Ungl. (16a) und der Gesamtzahl $2\vartheta p_\lambda$ der einzelnen Bögen $\overarc{e_\nu\, e_{\nu+1}}$ (wo: $\nu = (1-\vartheta)p_\lambda, \cdots (1+\vartheta)p_\lambda - 1$):

$$(17) \qquad\qquad |S_\lambda| < 2\vartheta p_\lambda\, \varepsilon_\lambda.$$

Werden die Punkte i und $-i$ durch Teilbögen von S_λ in dem oben genau umschriebenen Sinne n_λ'- bzw. n_λ''-mal *überdeckt*, und setzt man:

$$n_\lambda' + n_\lambda'' = n_\lambda$$

so ist n_λ *die Anzahl der in dem Ausdrucke* A'_{p_λ} *vorkommenden Zeichenwechsel der* $\Re(a_\nu)$. Um diese Art der Zählung noch etwas einfacher zu gestalten, indem wir sie von den *zwei* Punkten i und $-i$ auf den *einen* Punkt i konzentrieren, denken wir uns die gesamte S_λ-*Belegung* der *unteren* (von -1 *inkl.* bis $+1$ *exkl.* sich erstreckenden) Hälfte des festen Einheitskreises um 180° in der positiven Umlaufsrichtung gedreht, sodaß also auf jeden Punkt e' des *oberen* Halbkreises außer seiner ursprünglichen Belegung diejenige des Punktes $e'' \equiv -e'$ des *unteren* Halbkreises zu liegen kommt, insbesondere auf dem Punkte i die Belegungen von i und $-i$ vereinigt sind und somit die *Überdeckungszahl* n_λ von i jetzt die *Anzahl* der in Betracht kommenden *Zeichenwechsel* innerhalb A'_{p_λ} angibt. Wird die nunmehrige „*Doppelbelegung*" des oberen Halbkreises mit $\overline{S}_\lambda$ bezeichnet, so ist offenbar $|\overline{S}_\lambda| = |S_\lambda| < 2\vartheta p_\lambda \varepsilon_\lambda$.

Es sei jetzt γ eine *beliebig klein* anzunehmende positive Zahl und es bezeichne $\widehat{\gamma}$ den *Einheitskreisbogen* von der *Länge* γ, der sich vom Punkte i nach *links*, also bis zum Punkte $e^{(\gamma)} \equiv e^{(\gamma + \frac{\pi}{2})i}$ erstreckt. Zu jedem Punkte von $\widehat{\gamma}$ gehört — geradeso wie zum Punkte i — eine bestimmte *Überdeckungszahl*. Unter diesen Überdeckungszahlen (als einer *endlichen* Menge *ganzer* Zahlen) gibt es eine (von Null verschiedene) *kleinste* m_λ, eventuell könnten auch *alle* Überdeckungszahlen einen einzigen Wert m_λ besitzen. Die Gesamtlänge $|s^{(\gamma)}|$ der Teilbögen, welche die Überdeckung des Bogens $\widehat{\gamma}$ hervorbringen, muß also $\geq m_\lambda \gamma$ sein, und man findet daher:

$$m_\lambda \gamma \leqq |s^{(\gamma)}| < |\overline{S}_\lambda| < 2\vartheta p_\lambda \varepsilon_\lambda, \qquad m_\lambda < \frac{2\vartheta}{\gamma}\varepsilon_\lambda p_\lambda,$$

als bei *beliebig kleinen*, aber *festgehaltenen* γ und $\lambda \to \infty$:

(18) $$m_\lambda < p_\lambda.^{[1]}$$

Nun sei $e^{(\gamma_\lambda)} \equiv e^{(\gamma_\lambda + \frac{\pi}{2})i}$ (wo: $0 \leqq \gamma_\lambda \leqq \gamma$) ein dem Bogen $\widehat{\gamma}$ angehöriger Punkt mit der Überdeckungszahl m_λ. Wird dann das

---

[1] Da diese Schlußweise auf jeden *beliebigen* und *beliebig kleinen* Bogen $\widehat{\gamma}$ des Einheitskreises angewendet werden kann, so folgt, daß daselbst in beliebiger Nähe jedes Punktes solche Punkte liegen, deren Überdeckungszahl m_λ der infinitären Beziehung (18) genügt, daß also diese Gattung von Punkten auf dem Einheitskreise *überall dicht* liegt.

gesamte aus den Punkten e_ν $(\nu = (1-\vartheta)p_\lambda \cdots (1+\vartheta)p_\lambda)$ und ihren Verbindungsbögen bestehende System $\bar{S}_\lambda$ um den Bogen von der Länge γ_λ, der die Punkte $e^{(\gamma_\lambda)}$ und i verbindet, nach *rechts* gedreht, so erleidet jedes e_ν, also auch jedes a'_ν (s. Gl. (12)) eine Änderung um den Faktor $e^{-\gamma_\lambda i}$, sodaß also der frühere Komplex (14), nämlich:

$$A'_{p_\lambda} \equiv \sum_{(1-\vartheta)p_\lambda}^{(1+\vartheta)p_\lambda} C_{p_\lambda,\,\nu}\, a'_\nu$$

in den folgenden:

$$(19) \qquad A''_{p_\lambda} \equiv \sum_{(1-\vartheta)p_\lambda}^{(1+\vartheta)p_\lambda} C_{p_\lambda,\,\nu}\, a'_\nu\, e^{-\gamma_\lambda i}$$

übergeht.

Da nunmehr durch diesen Prozeß die Überdeckungszahl m_λ auf den Punkt i übergegangen ist, so gibt sie die *Anzahl der Zeichenwechsel* der $\Re\,(a'_\nu\, e^{-\gamma_\lambda i})$ innerhalb des Ausdrucks (19) an. Und da andererseits:

$$(20) \qquad \overline{\lim_{\lambda \to \infty}}\, |\,\Re\,(a'_{p_\lambda}\, e^{-\gamma_\lambda i})\,|^{\frac{1}{p_\lambda}} = \lim_{\lambda \to \infty}\, |\,|\,a_{p_\lambda}\,|\,|\cos \gamma_\lambda\,|^{\frac{1}{p_\lambda}} = 1,$$

so sind für die Reihe $\sum a'_\nu\, x^\nu$ die Voraussetzungen des Fabry-schen Kriteriums von Nr. 4 erfüllt, sie selbst und somit[1]) auch die Reihe $\sum a_\nu\, x^\nu$ hat also, wie behauptet, die *singuläre Stelle* $x = 1$.

---

[1]) Vgl. Fußn. 2, S. 100.

Kritisch-historische Bemerkungen zur Funktionentheorie.

Von **Alfred Pringsheim**.

Vorgetragen in der Sitzung am 2. März 1929.

Nachtrag zu Nr. II dieser Bemerkungen.

1. Der im zweiten Teil der vorigen Mitteilung bewiesene Satz (s. S. 107) kann noch etwas prägnanter, als a. a. O. folgendermaßen ausgesprochen werden:

Die Beziehung

(I) $$\lim_{\nu \to \infty} \frac{a_\nu}{a_{\nu+1}} = 1$$

ist eine hinreichende Bedingung dafür, daß die Reihe $\sum a_\nu x^\nu$ auf ihrem Konvergenzkreise $|x| = 1$ die singuläre Stelle $x = 1$ besitzt.

Sicher ist dies die kürzeste, man darf sagen „klassische" Form des fraglichen Satzes. Dennoch verdient hervorgehoben zu werden, daß beim Beweise die Bedingung (I) bei weitem nicht vollständig in Anspruch genommen wurde (worauf Herr von Pidoll mich aufmerksam gemacht hat), daß vielmehr, wie leicht ersichtlich ist, nur die folgenden *zwei* aus (I) hervorgehenden Teilfolgerungen benützt worden sind:

$$\text{(a) } \lim_{\nu \to \infty} |a_\nu|^{\frac{1}{\nu}} = 1, \quad \text{(b) } \lim_{\nu \to \infty} \widehat{c_\nu \, c_{\nu+1}} = 0.$$

Was die *erste* dieser beiden Bedingungen betrifft, so folgt sie ja nach einem bekannten Cauchy'schen Grenzwertsatze aus der in (I) enthaltenen Beziehung: $\lim\limits_{\nu \to \infty} \left| \dfrac{a_\nu}{a_{\nu+1}} \right| = 1$, bietet aber für die Auswahl der $|a_\nu|$ einen *wesentlich* weiteren Spielraum $\left(\text{z. B. } |a_\nu| = \nu^{(-1)^\nu}, \text{ also: } |a_{2\mu}| = 2\mu, |a_{2\mu+1}| = \dfrac{1}{2\mu+1} \right)$.

Andererseits ist sie aber für die Sicherung der letzten Schlußfolgerung *unentbehrlich* (s. S. 112, Gl. (20)); denn, obschon man dort

mit der Beziehung $\overline{\lim_{\lambda \to \infty}} \, |a_{p_\lambda}|^{\frac{1}{p_\lambda}} = 1$ auskommen würde, so ließe

sich diese bei der vorliegenden Auswahl der p_λ nicht etwa schon

aus $\overline{\lim_{\nu \to \infty}} \, |a_\nu|^{\frac{1}{\nu}} = 1$ erschließen.

Die *Unentbehrlichkeit* der gleichfalls in (I) enthaltenen Bedingung (b) bedarf keiner weiteren Erörterung. Ihrer geometrischen Fassung entkleidet, wird sie dargestellt durch die Beziehung:

$$\lim_{\nu \to \infty} \frac{\varrho_\nu + 1}{\varrho_\nu} = 1,$$

und diese läßt sich, wegen:

$$\frac{a_\nu}{a_{\nu+1}} = \frac{a'_\nu}{a'_{\nu+1}} = \left|\frac{a_\nu}{a_{\nu+1}}\right| \cdot \frac{\varrho_\nu}{\varrho_{\nu+1}}, \quad \text{also:} \quad \frac{\varrho_{\nu+1}}{\varrho_\nu} = \frac{a_{\nu+1}}{a_\nu} \cdot \left|\frac{a_\nu}{a_{\nu+1}}\right|$$

durch die folgende ersetzen:

(b′) $\lim\limits_{\nu \to \infty} \dfrac{a_{\nu+1}}{a_\nu} \cdot \left|\dfrac{a_\nu}{a_{\nu+1}}\right| = 1.$

Hiernach gestattet der in Rede stehende Beweis seinem Ergebnis die folgende erweiterte Fassung zu geben:

Eine hinreichende Bedingung dafür, daß die Reihe $\sum a_\nu x^\nu$ auf ihrem Konvergenzkreise die singuläre Stelle $x = 1$ hat, besteht in den Beziehungen:

(II) $\lim\limits_{\nu \to \infty} |a_\nu|^{\frac{1}{\nu}} = 1, \quad \lim\limits_{\nu \to \infty} \dfrac{a_{\nu+1}}{a_\nu} \cdot \left|\dfrac{a_\nu}{a_{\nu+1}}\right| = 1,$

welche insbesondere stets erfüllt sind, wenn:

(I) $\lim\limits_{\nu \to \infty} \dfrac{a_\nu}{a_{\nu+1}} = 1.$ [1])

2. Die Beziehung (I) erscheint also nicht einmal in dem vorstehenden Zusammenhange als eine *notwendige* Bedingung (sc. für die Singularität der Stelle $x = 1$). Daß sie es auch nicht ist, wenn $\sum a_\nu x^\nu$ auf dem Konvergenzkreise *noch andere* singuläre Stellen besitzt, darf als reichlich trivial gelten. Aber (worauf be-

---

[1]) Die *erste* der Bedingungen (II) ist ja eine bloße Folgerung von (I), während die *zweite* unter der Voraussetzung (I) in die Identität $1 = 1$ übergeht.

reits früher hingewiesen wurde)[1]) sie braucht selbst dann nicht erfüllt zu sein, wenn $x = 1$ die *einzige* singuläre Stelle auf dem Konvergenzkreise und zwar eine *wesentlich* singuläre ist. Nur wenn sie ein *Pol* beliebiger Ordnung, ist die Beziehung (I) allemal erfüllt, also in diesem Sinne eine *notwendige* Bedingung, die sich auch leicht zu einer *hinreichenden* vervollständigen läßt.

Für den einfachsten Fall, daß der fragliche Pol von der *ersten* Ordnung, hat man (im wesentlichen nach dem Vorgange von Hadamard)[2]):

$$(III) \begin{cases} \textit{Notwendige Bedingung:} \quad \lim_{\nu \to \infty} \dfrac{a_\nu}{a_{\nu+1}} = 1, \\[2em] \textit{Notwendig und hinreichend:} \; \overline{\lim_{\nu \to \infty}} \left| \dfrac{a_\nu}{a_{\nu+1}} - 1 \right|^{\frac{1}{\nu}} = \dfrac{1}{\varrho} < 1, \end{cases}$$

anders ausgesprochen, es genügt nicht, daß der fragliche Quotient den Grenzwert 1 besitzt, es muß die Annäherung mit einer Geschwindigkeit erfolgen, größer als diejenige, mit welcher $\left(\dfrac{1}{\varrho'}\right)^\nu$ (wo: $\varrho > \varrho' > 1$) für $\nu \to \infty$ gegen *Null* konvergiert[3]).

Ich behaupte nun zunächst, daß diese allgemein übliche Bedingungsform sich durch die folgende *einfachere* und, wie sich jetzt zeigen wird, *wesentlich zweckmäßigere* ersetzen läßt:

$$(IV) \begin{cases} \textit{Notwendige Bedingung:} \quad \overline{\lim_{\nu \to \infty}} \, |a_\nu|^{\frac{1}{\nu}} = 1. \\[2em] \textit{Ergänzung zur hinreichenden:} \; \overline{\lim_{\nu \to \infty}} \, |a_\nu - a_{\nu+1}|^{\frac{1}{\nu}} = \dfrac{1}{\varrho} < 1. \end{cases} \quad {}^{4})$$

Beweis. Die erste dieser beiden Bedingungen ist jedenfalls eine *notwendige*, denn sie ist das *Mindestmaß* derjenigen Bedingungen, welche aussagen, daß die Reihe den Konvergenzradius 1 haben soll, sie verlangt insbesondere *sehr* viel weniger, als die

---

[1]) S. S. 96, Fußn. 2.

[2]) *Essai sur l'étude des fonctions données par leur développement de Taylor.* Journ. de Math. (4), 8 [1892], p. 118.

[3]) Man bemerke, daß die *erste* der beiden Bedingungen (III), die lediglich „*notwendige*", auch weggelassen werden kann, da sie implicite in der zweiten enthalten ist.

[4]) Nach Bedarf, z. B. wenn $a_\nu = a_{\nu+1} = a$ hat man $\dfrac{1}{\varrho}$ durch 0 zu ersetzen.

8*

frühere: $\lim\limits_{\nu \to \infty} \dfrac{a_\nu}{a_{\nu+1}} = 1$. Die *zweite* Bedingung hat große Ähn-

lichkeit mit der entsprechenden in (III), ist aber formal etwas *einfacher* und schon die verhältnismäßig geringe Abänderung wird sich späterhin als bedeutungsvoll erweisen. Ihre *Notwendigkeit* ergibt sich folgendermaßen: Soll die Stelle $x = 1$ ein *einfacher* Pol sein, so muß $(1 - x) \sum a_\nu x^\nu$ für eine gewisse Umgebung von $x = 1$ *regulär* sein, also schließlich auf dem ganzen Kreise $|x| = 1$ und im Innern eines Kreises $|x| < \varrho$, wo $\varrho > 1$, sich regulär verhalten. Da nun aber zunächst für $|x| < 1$:

$$(1) \qquad (1 - x) \sum_0^\infty \nu\, a_\nu\, x^\nu = a_0 - \sum_0^\infty \nu\, (a_\nu - a_{\nu+1})\, x^{\nu+1},$$

so hat die rechtsstehende Reihe den Konvergenzradius $\varrho > 1$ und es besteht somit die zweite der Bedingungen (IV).

Wird jetzt umgekehrt die letztere zur *Voraussetzung* gemacht, so *konvergiert* die Reihe auf der rechten Seite von Gl. (1) für $|x| < \varrho$, also insbesondere (absolut und) *gleichmäßig* für eine gewisse Umgebung von $x = 1$. Man findet daher:

$$(2) \qquad \begin{aligned} \lim_{x \to \infty} (1 - x) \sum_0^\infty \nu\, a_\nu\, x^\nu &= a_0 - \sum_0^\infty \nu\, (a_\nu - a_{\nu+1}) \\ &= a_0 - \lim_{n \to \infty} \sum_0^{n-1} \nu\, (a_\nu - a_{\nu-1}) = \lim_{n \to \infty} a_n = a, \end{aligned}$$

wo *a eine bestimmte, von Null verschiedene* Zahl vorstellt. Denn im Falle $a = 0$, also: $\lim\limits_{x \to \infty} (1 - x) \sum_0^\infty \nu\, a_\nu\, x^\nu = 0$ müßte die für $|x| < \varrho$ (wo $\varrho > 1$) *reguläre* Funktion $(1 - x) \sum_0^\infty \nu\, a_\nu\, x^\nu$ an der Stelle $x = 1$ eine *Nullstelle* mindestens von der *ersten* Ordnung haben, sodaß also $\sum a_\nu x^\nu$ an dieser Stelle und somit auf dem ganzen Konvergenzkreise $|x| = 1$ *regulär* wäre, was unmöglich ist. Somit ist die Stelle $x = 1$ wirklich ein *Pol* erster Ordnung. —

3. Aus Gl. (2) einschließlich der Feststellung $a \neq 0$ ergibt sich die Beziehung $\lim\limits_{\nu \to \infty} \dfrac{a_\nu}{a_{\nu+1}} = 1$ zwar als *notwendige* Bedingung in dem Sinne, daß sie allemal erfüllt ist, wenn die Stelle $x = 1$ als einzige Singularität auf dem Konvergenzkreise ein Pol von der Ordnung $m = 1$ sein soll, während sie doch bei dem vorstehenden

Beweis weder als Voraussetzung, noch sonst irgendwie in Betracht kommt. Zeigt sich schon hierin, daß die Bedingung $\lim\limits_{\nu \to \infty} \dfrac{a_\nu}{a_{\nu+1}} = 1$ in dem vorliegenden Zusammenhange nur von sekundärer Bedeutung ist, so tritt das noch drastischer hervor bei der Behandlung der analogen Aufgabe für den Fall eines Pols von *beliebiger* Ordnung m. Der Versuch, die auf der Voraussetzung $\lim\limits_{\nu \to \infty} \dfrac{a_\nu}{a_{\nu+1}} = 1$ beruhende Bedingungsform (III) *direkt* (d. h. ohne den Weg über die Form (IV) zu nehmen) auf diesen Fall zu übertragen, dürfte sich als völlig aussichtslos erweisen, während die Bedingungsform (IV) die gesuchte Lösung geradezu ganz mechanisch liefert, wenn man Gl. (1) in der Form anschreibt:

$$(3) \qquad (1-x)\sum_{0}^{\infty}{}_\nu\, a_\nu\, x^\nu = a_0 - x \sum_{0}^{\infty}{}_\nu\, \varDelta^1 a_\nu \cdot x^\nu,$$

wo, wie üblich, gesetzt ist:

$$\varDelta^1 a_\nu = a_\nu - a_{\nu+1} \quad (\nu = 0,\, 1,\, 2,\, \ldots\ldots).$$

Setzt man allgemein für $\lambda = 2, 3, 4, \ldots$

$$(4) \qquad \varDelta^\lambda a_\nu = \varDelta^{\lambda-1} a_\nu - \varDelta^{\lambda-1} a_{\nu+1},$$

so ist nach einer bekannten, übrigens leicht durch vollständige Induktion zu bestätigenden Formel der Differenzenrechnung:

$$(5) \qquad \varDelta^\lambda a_\nu = \sum_{\nu}^{\nu+\lambda}{}_\mu\, (-1)^\mu\, (\lambda)_\mu\, a_\mu.$$

Multipliziert man jetzt Gl. (3) nochmals mit $(1-x)$, so folgt zunächst:

$$(1-x)^2 \sum_{0}^{\infty}{}_\nu\, a_\nu\, x^\nu = (1-x)\, a_0 - x \left\{ (1-x) \sum_{0}^{\infty}{}_\nu\, \varDelta^1 a_\nu \cdot x^\nu \right\}$$

und hieraus durch Anwendung von Gl. (3), nachdem man daselbst a_ν durch $\varDelta^1 a_\nu$, also $\varDelta^1 a_\nu$ durch $\varDelta^2 a_\nu$ ersetzt hat:

$$(1-x)^2 \sum_{0}^{\infty}{}_\nu\, a_\nu\, x^\nu = (1-x)\, a_0 - \varDelta^1 a_0\, x + \sum_{0}^{\infty}{}_\nu\, \varDelta^2 a_\nu \cdot x^{\nu+2}$$

$$= g_1(x) + x^2 \sum_{0}^{\infty}{}_\nu\, \varDelta^2 a_\nu \cdot x^\nu,$$

wo $g_1(x)$ eine ganze Funktion *ersten* Grades und speziell:

$$g_1(1) = -\varDelta^1 a_0.$$

Durch nochmalige Multiplikation der vorletzten Gleichung mit $(1-x)$ findet man analog:

$$(1-x)^3 \sum_0^\infty {}^\nu a_\nu x^\nu = g_2(x) - x^3 \sum_0^\infty {}^\nu \varDelta^3 a_\nu \cdot x^\nu,$$

wo $g_2(x) \equiv (1-x) g_1(x) + \varDelta^2 a_0 \cdot x$ eine ganze Funktion zweiten Grades und speziell:

$$g_2(1) = + \varDelta^2 a_0.$$

Hiernach steht zu vermuten, daß allgemein:

$$(6) \qquad (1-x)^m \sum_0^\infty {}^\nu a_\nu x^\nu = g_{m-1}(x) + (-1)^m \cdot \sum_0^\infty {}^\nu \varDelta^m a_\nu \cdot x^{\nu+m},$$

wo $g_{m-1}(x) \equiv (1-x) g_{m-2}(x) + (-1)^{m-1} \cdot \varDelta^{m-1} a_0 \cdot x$ eine ganze Funktion $(m-1)$-ten Grades und speziell:

$$(7) \qquad g_{m-1}(1) = (-1)^{m-1} \cdot \varDelta^{m-1} a_0,$$

wie sich leicht durch vollständige Induktion bestätigen läßt.

4. Dies vorausgeschickt ergibt sich jetzt als Übertragung des für $m=1$ in der Bedingungsform (IV) enthaltenen Satzes der folgende:

Ist $\overline{\lim_{\nu \to \infty}} |a_\nu|^{\frac{1}{\nu}} = 1$, *hat also die Reihe* $\mathfrak{P}(x) \equiv \sum_0^\infty {}^\nu a_\nu x^\nu$ *den Konvergenzkreis* $|x|=1$, *so besteht die notwendige und hinreichende Bedingung dafür, daß sie daselbst als einzige Singularität den Pol m-ter Ordnung $x=1$ besitzt, in der Beziehung:*

$$(8) \qquad \overline{\lim_{\nu \to \infty}} |\varDelta^m a_\nu|^{\frac{1}{\nu}} = \frac{1}{\varrho} < 1,$$

mit dem Zusatz, daß m die kleinste Zahl sein soll, für welche jener Grenzwert kleiner als 1 ausfällt.

Beweis. Die Bedingung (8) ist jedenfalls eine *notwendige*. Denn, angenommen, es sei $x=1$ die einzige Singularität auf dem Kreise $|x|=1$ und zwar ein *Pol* von der Ordnung m, so muß $(1-x)^m \mathfrak{P}(x)$ als Potenzreihe in x geordnet einen Konvergenzradius $\varrho > 1$ besitzen. Nun ist aber nach Gl. (6):

$$(9) \qquad (1-x)^m \mathfrak{P}(x) = g_{m-1}(x) + (-1)^m \cdot \sum_0^\infty {}^\nu \varDelta^m a_\nu \cdot x^{\nu+m},$$

und die *notwendige* (auch hinreichende) Bedingung dafür, daß die rechts stehende Reihe einen Konvergenzradius $\varrho > 1$ besitzt, besteht gerade in der Beziehung (8). Da übrigens gleichzeitig mit $(1 - x)^m \mathfrak{P}(x)$ auch $(1 - x)^{m+1} \mathfrak{P}(x)$ den Konvergenzradius $\varrho > 1$ besitzt, so erkennt man, daß aus der Existenz der Beziehung (8) für *irgendein* m diejenige *für jedes größere* m hervorgeht.

Nehmen wir jetzt die Gleichung (8) zur *Voraussetzung*, so ist dadurch die *Konvergenz* der Reihe auf der rechten Seite von Gl. (8) für $|x| < \varrho$ gesichert und damit zugleich die *Regularität* von $(1 - x)^m \mathfrak{P}(x)$ an der Stelle $x = 1$, schließlich also auch diejenige von $\mathfrak{P}(x)$ auf dem ganzen Kreise $|x| = 1$ mit eventueller Ausnahme der Stelle $x = 1$. Zur Feststellung des Verhaltens von $\mathfrak{P}(x)$ für $x = 1$ findet man mit Benützung von Gl. (9):

$$\lim_{x \to 1} (1 - x)^m \mathfrak{P}(x) = g_{m-1}(1) + (-1)^m \lim_{n \to \infty} \sum_0^{n-1} {}^\nu \varDelta^m a_\nu,$$

also mit Berücksichtigung der Definitionsgleichung (4) für $\lambda = m$ und der Gleichung (7):

$$(10) \quad \lim_{x \to 1} (1-x)^m \mathfrak{P}(x) = (-1)^{m-1} \varDelta^{m-1} a_0 + (-1)^m \lim_{n \to \infty} (\varDelta^{m-1} a_0 - \varDelta^{m-1} a_n)$$
$$= (-1)^{m-1} \lim_{n \to \infty} \varDelta^{m-1} a_n.$$

Um hieraus erschließen zu können, daß die Stelle $x = 1$ wirklich ein Pol m-ter Ordnung für $\mathfrak{P}(x)$, müßte noch festgestellt werden, daß:

$$(11) \qquad\qquad \lim_{n \to \infty} \varDelta^{m-1} a_n \neq 0.$$

Wäre nun $\lim\limits_{n \to \infty} \varDelta^{m-1} a_n = 0$, also nach Gleichung (10) auch $\lim\limits_{x \to \infty} (1 - x)^m \mathfrak{P}(x) = 0$, so müßte, da $(1 - x)^m \mathfrak{P}(x)$ für $x = 1$ *regulär*, die Stelle $x = 1$ für $\mathfrak{P}(x)$ eine *Nullstelle* von irgend einer *ganzzahligen* Ordnung k (wo $1 \leq k < m$) sein. Dann wäre aber $\lim\limits_{x \to 1} (1 - x)^{m-k} \mathfrak{P}(x)$ *endlich und von Null verschieden*, also die Stelle $x = 1$ für $\mathfrak{P}(x)$ ein Pol von der Ordnung $m - k$, und es müßte $\mathfrak{P}(x)$ einer Beziehung von der Form (8) genügen, in welcher $m - k$ an der Stelle von m steht. Mit anderen Worten, dann wäre m *nicht die kleinste* Zahl, für welche die Beziehung (8) besteht — entgegen unserer ausdrücklichen Voraussetzung. Damit ist der ausgesprochene Satz bewiesen.

5. Im Anschluß an die eben erwiesene Richtigkeit der Beziehung (11) kann man setzen:

$$(12) \qquad \lim_{\nu \to \infty} \varDelta^{m-1} a_\nu = \dot{a}, \text{ d. h. } \textit{endlich und von Null verschieden.}$$

Daraus folgt:

$$(13) \qquad \lim_{\nu \to \infty} \frac{\varDelta^{m-1} a_\nu}{\varDelta^{m-1} a_{\nu+1}} = 1$$

(genau entsprechend der Beziehung $\lim\limits_{\nu \to \infty} \dfrac{a_\nu}{a_{\nu+1}} = 1$ im Falle $m = 1$, wenn man $\varDelta^0 a_\nu$ die Bedeutung von a_ν beilegt).

Diese Beziehung (13) steht aber keineswegs vereinzelt da. Vielmehr läßt sich zeigen, daß unter der in Bezug auf die Stelle $x = 1$ gemachten Voraussetzung, also schließlich unter den Voraussetzungen des Satzes von Nr. 4, für jedes ganzzahlige $\mu \leqq m - 1$ (einschließlich $\mu = 0$, wenn mann wieder $\varDelta^0 a_\nu \equiv a_\nu$ setzt) die Beziehung besteht:

$$\lim_{\nu \to \infty} \frac{\varDelta^\mu a_\nu}{\varDelta^\mu a_{\nu+1}} = 1 \, .$$

Infolge der bestehenden Voraussetzung, daß die Stelle $x = 1$ ein *Pol m-ter* Ordnung für $\mathfrak{P}(x)$, hat $(1 - x)^\mu \mathfrak{P}(x)$ daselbst einen Pol von der Ordnung $m - \mu$. Da sodann mit Benützung der Beziehung (9):

$$(1 - x)^\mu \, \mathfrak{P}(x) = g_{\mu-1}(x) + (-1)^\mu \, x^\mu \sum_0^\infty \varDelta^\mu a_\nu \cdot x^\nu,$$

so hat auch $\sum\limits_0^\infty \varDelta^\mu a_\nu \cdot x^\nu$ den Pol μ-*ter* Ordnung $x = 1$ (überdies als einzige Singularität auf dem Kreise $|x| = 1$). Bezeichnet man den zugehörigen *Singulärteil* mit $\sum\limits_0^{\mu-1} \dfrac{c_\lambda}{(1-x)^{\lambda+1}}$, so läßt sich dieser für $|x| < 1$ in eine Potenzreihe von folgender Form entwickeln:

$$\sum_0^{\mu-1} \frac{c_\lambda}{(1-x)^{\lambda+1}} = \sum_0^\infty g(\nu) \, x^\nu,$$

wo $g(\nu)$ *eine ganze Funktion* $(\mu - 1)$-*ten Grades* von ν (wie aus einem bekannten Satze folgt, übrigens auch unmittelbar durch Entwicklung der Binome $(1 - x)^{-(\lambda+1)}$ $[\lambda = 0, 1, \ldots \mu - 1]$ erkannt werden kann). Hiernach muß aber $\sum\limits_{0}^{\infty}\nu\, \varDelta^\mu a_\nu \cdot x^\nu$ durch

Subtraktion von $\sum\limits_{0}^{\infty}\nu\, g(\nu)\, x^\nu$ *regulär* werden für $x = 1$, schließlich also auf dem ganzen Kreise $|x| = 1$, sodaß für ein gewisses $\varrho > 1$ und $|x| < \varrho$ eine konvergente Entwicklung von der Form besteht:

$$\sum\limits_{0}^{\infty}\nu\, (\varDelta^\mu a_\nu - g(\nu))\, x^\nu = \sum\limits_{0}^{\infty}\nu\, a_\nu'\, x^\nu,\ \ wo: \lim\limits_{\nu \to \infty} a_\nu' = 0,$$

$\left(\text{übrigens sogar } \overline{\lim\limits_{\nu \to \infty}}\, |a_\nu'|^{\frac{1}{\nu}} = \dfrac{1}{\varrho}\right)$ und somit, wie behauptet:

(14) $$\lim\limits_{\nu \to \infty} \frac{\varDelta^\mu a_\nu}{\varDelta^\mu a_{\nu+1}} = \lim\limits_{\nu \to \infty} \frac{g(\nu) + a_\nu'}{g(\nu+1) + a_{\nu+1}'} = 1$$
$$\text{(für } \mu = 0, 1, \ldots m - 1).$$

Daraus folgt nach dem bekannten Cauchy'schen Grenzwertsatze, daß für $0 \le \mu \le m - 1$:

(15) $$\lim\limits_{\nu \to \infty} |\varDelta^\mu a_\nu|^{\frac{1}{\nu}} = 1,$$

insbesondere also für $\mu = 0$:

$$\lim\limits_{\nu \to \infty} |a_\nu|^{\frac{1}{\nu}} = 1,$$

während die Voraussetzung des Satzes Nr. 4 *nur* $\overline{\lim\limits_{\nu \to \infty}} |a_\nu|^{\frac{1}{\nu}} = 1$ verlangte, andererseits aber *keine einzige* der aus m-Gleichungen bestehenden Serie (14), deren jede einzelne nichtsdestoweniger wiederum als *notwendige* Bedingung dafür zu buchen wäre, daß die Stelle $x = 1$ ein Pol m-*ter* Ordnung und zugleich die einzige Singularität auf dem Kreise $|x| = 1$.

Im übrigen läßt sich, wenn wir nur die für $\mu = m - 1$ resultierende, bereits oben als Gl. (13) aufgetretene *letzte* der obigen Bedingungen, also:

(13) $$\lim\limits_{\nu \to \infty} \frac{\varDelta^{m-1} a_\nu}{\varDelta^{m-1} a_{\nu+1}} = 1$$

in die *Voraussetzung* aufnehmen, diese *allein* schon zu einer *notwendigen und hinreichenden* ergänzen, die dann mit Gl. (13) zu-

sammen[1]) der im Falle $m = 1$ mit (III) bezeichneten Bedingungsform (s. S. 115) entspricht, bzw. für $m = 1$ in diese übergeht,
nämlich:

$$(16) \qquad \overline{\lim_{\nu \to \infty}} \; \left| \frac{\varDelta^{m-1} a_\nu}{\varDelta^{m-1} a_{\nu+1}} - 1 \right|^{\frac{1}{\nu}} = \frac{1}{\varrho} < 1.$$

Wir zeigen zunächst, daß eine solche Beziehung, wenn sie für
irgend ein bestimmtes m besteht, nicht gleichzeitig bei Ersetzung
von m durch $m - 1$ bestehen kann. Denn, angenommen, es
wäre auch:

$$(16a) \qquad \overline{\lim_{\nu \to \infty}} \; \left| \frac{\varDelta^{m-2} a_\nu}{\varDelta^{m-2} a_{\nu+1}} - 1 \right|^{\frac{1}{\nu}} = \frac{1}{\varrho'} < 1.$$

so hätte man (vgl. Fußn. 1):

$$\lim_{\nu \to \infty} \left| \frac{\varDelta^{m-2} a_\nu}{\varDelta^{m-2} a_{\nu+1}} \right| = 1, \text{ also auch: } \lim_{\nu \to \infty} \left| \varDelta^{m-2} a_{\nu+1} \right|^{\frac{1}{\nu}} = 1,$$

und daher durch Multiplikation von (16a) mit der letzten Gleichung:

$$\overline{\lim_{\nu \to \infty}} \; \left| \varDelta^{m-2} a_\nu - \varDelta^{m-2} a_{\nu+1} \right|^{\frac{1}{\nu}} \equiv \overline{\lim_{\nu \to \infty}} \; \left| \varDelta^{m-1} a_\nu \right|^{\frac{1}{\nu}} = \frac{1}{\varrho'} < 1,$$

im Widerspruch mit der Gl. (13), aus welcher ja folgen würde:

$$\lim_{\nu \to \infty} \left| \varDelta^{m-1} a_\nu \right|^{\frac{1}{\nu}} = 1.$$

Wird jetzt vorausgesetzt, daß die Stelle $x = 1$ die fraglichen
Singularitäts-Eigenschaften besitze, so gilt ja der Satz von Nr. 4,
also die Beziehung (8) und, wenn man diese in die Form setzt:

$$\overline{\lim_{\nu \to \infty}} \; \left| \varDelta^{m-1} a_\nu - \varDelta^{m-1} a_{\nu+1} \right|^{\frac{1}{\nu}} = \frac{1}{\varrho}, \text{ durch } \textit{Division} \text{ mit der aus ihr}$$

hervorgehenden Gleichung $\lim_{\nu \to \infty} \left| \varDelta^{m-1} a_{\nu+1} \right|^{\frac{1}{\nu}} = 1$ die Beziehung
(16), welche hiernach als *notwendige* Bedingung für das Bestehen
der gemachten Voraussetzung erkannt wird.

Wird umgekehrt angenommen, daß die Beziehung (16) für
irgend ein bestimmtes m existiere, so geht sie durch *Multiplikation*

mit der jetzt aus (13) hervorgehenden Gl.: $\lim_{\nu \to \infty} \left| \varDelta^{m-1} a_{\nu+1} \right|^{\frac{1}{\nu}} = 1$

---

[1]) Dieselbe erweist sich schließlich wieder als entbehrlich, da sie in
Gl. (16) implicite enthalten ist (vgl. Fußn. 3, S. 115).

in die Beziehung (8) über, die dann also für *dieses bestimmte m* besteht. Dieses m muß dann aber das *kleinste* sein, für welches die Beziehung (8) möglich ist. Denn gäbe es ein oder mehrere kleinere m', welche die gleiche Eigenschaft besitzen, so müßte (nach der Bemerkung am Schlusse von Absatz 1 des Beweises in Nr. 4) die Zahl $m - 1$ unter diesen m' vorkommen. Bestünde nun aber Gl. (8) bei Ersetzung von m durch $m - 1$, so würde auf Grund der zuvor angewendeten Schlußweise das nämliche für Gl. (16) gelten, was ja soeben als *unmöglich* erwiesen wurde. Somit ergibt sich, daß Gl. (16) eine *hinreichende* Bedingung für die besonderen Singularitäts-Eigenschaften der Stelle $x = 1$ darstellt.

Nichtsdestoweniger ist sie durch die zuvor in Gl. (8) dargestellte überflüssig geworden — dies umsomehr, als die Überlegenheit des letzteren in Bezug auf formale Einfachheit, man darf wohl sagen „Eleganz", sofort in die Augen fällt, weit stärker, als am Ausgangspunkt unserer Betrachtungen, dem Falle $m = 1$. Ich hielt es aber für nützlich, sie einmal herzuleiten, weil sie als direkte Verallgemeinerung des „Hadamard'schen" Kriteriums (III) erscheinend, dennoch ihre Provenienz aus unserer Bedingungsform (IV) nicht verleugnen kann und es sich daher, wie bereits in Nr. 2 und 3 angedeutet wurde, empfehlen würde, diese letztere im Falle $m = 1$ als die eigentliche *Grundform* des betreffenden Kriteriums anzusehen.

Anmerkung zu Nr. I dieser Mitteilungen (s. Jahrgang 1928, S. 343 ff.):

Die a. a. O. S. 357, Nr. 9 von mir gemachte Aussage, daß der daselbst bewiesene Satz über eine *notwendige und hinreichende* Bedingung betreffs der Singularität der Stelle $x = 1$ für eine *Potenzreihe* bisher *niemals ausgesprochen zu sein scheine*, ist zwar dank dem von mir gemachten Zusatz: „*soviel mir bekannt ist*" für ewige Zeiten unangreifbar. Ja, dem *Wortlaute* nach ist bis jetzt auch keinerlei Einwendung gemacht worden. Anders dem *Sinne* nach. Ich bin nämlich darauf aufmerksam gemacht worden, daß der fragliche Satz in einem auf *Dirichletsche Reihen* bezüglichen, von Herrn Otto Szász bewiesenen (Math. Ann. 85 [1922], S. 100, § 1, *Hilfssatz*) *im wesentlichen enthalten* sei; daß dieser außerdem (a. a. O. S. 101, Fußn. 5) das Analogon des

Dienes'schen Potenzreihen-Satzes für *Dirichletsche* Reihen daraus gefolgert habe.

Immerhin möchte ich annehmen, daß das überaus bescheidene Verdienst, den fraglichen, nahezu selbstverständlichen Satz in Bezug auf *Potenz*reihen, übrigens in noch etwas prägnanterer Form, zuerst („soviel mir bekannt ist") ausgesprochen und auf die völlig schiefe Einstellung des Dienes'schen Satzes hingewiesen zu haben, hierdurch nicht wesentlich geschmälert wird.

Und ich möchte prinzipiell dazu bemerken, daß es mir nicht wohlgetan scheint, Sätze, die in der Lehre von den *Potenz*reihen nützlich sein können, lediglich hinter den entsprechenden für *Dirichletsche* Reihen geltenden zu verstecken. *Potenz*reihen lassen sich zwar als Abkömmlinge spezieller *Dirichletscher* Reihen auffassen, haben aber vor den *Dirichletschen* Reihen auch sehr wesentliche Eigenschaften voraus. Wichtige Sätze, die für *Potenz*reihen gelten, besitzen in der Theorie der *Dirichletschen* Reihen kein Analogon, voran der fundamentale Satz über die *notwendige* Existenz einer *singulären* Stelle auf dem *Konvergenzkreise*, der auf die *Konvergenzgrade* der *Dirichletschen* Reihen nicht übertragbar ist. Andererseits kann ein Beweis, der sich für *Potenz*reihen *direkt* relativ einfach gestaltet, für *Dirichletsche* Reihen sehr viel schwieriger ausfallen, sodaß es kaum empfehlenswert erscheinen dürfte, sein Vorbild auf *Potenz*reihen zu übertragen. Ein warnendes Beispiel dieser Art ist der Beweis, der sich in Bieberbach's Lehrbuch der Funktionentheorie, Bd. II, S. 301/6, für das sog. Hadamard'sche Singularitätskriterium[1]) findet.

---

[1]) Die dort gegebene Form geht aus dem Satze von S. 99, Gl.(1) durch infinitäre Abänderung der Koeffizienten hervor.

Über spezielle Kreisnetze.

Von **Otto Volk** in Kaunas (Litauen).

Vorgelegt von A. Voss in der Sitzung am 2. März 1929.

Die Frage der rhombischen Einteilung der Flächen durch zwei Scharen von Kurven konstanter geodätischer Krümmung ist von Herrn A. Voss in der inhaltsreichen Arbeit „Über diejenigen Flächen, welche durch zwei Scharen von Kurven konstanter geodätischer Krümmung in infinitesimale Rhomben zerlegt werden"[1]) inauguriert und eingebend untersucht worden. Herr Voss nimmt für alle Kurven einer Schar dieselbe konstante geodätische Krümmung. Man kann aber die Frage dahin erweitern, daß man zwei Scharen von konstanter geodätischer Krümmung betrachtet, die aber für jede Kurve der beiden Scharen sich ändert, die also für die eine Schar eine Funktion von u, für die andere eine solche von v ist. Es lag nahe, zunächst das Problem in der Ebene in Angriff zu nehmen. Doch soll hier noch nicht von den allgemeinsten rhombischen Kreisnetzen die Rede sein; wir beschränken uns vielmehr auf ein spezielles System von Kreisen, das einen Ausnahmefall darstellt und den Vorteil bietet, daß sich sowohl die Rechnungen wie die Konstruktion der rhombischen Kreisnetze leicht durchführen lassen.

Anschließend wird die entsprechende Frage für Kreisdreiecksnetze behandelt, die ebenfalls den Ausnahmefall des allgemeinen Problems betrifft und zu ganz ähnlichem Resultate führt.

§ 1. Rhombische Netze aus Kreisen, deren Mittelpunkte auf Kegelschnitten liegen.

Es seien U_1, U_2, U_3; V_1, V_2, V_3 die Koordinaten der Mittelpunkte bzw. die Radien zweier Kreisscharen u, v; dann sind die Kreise der Scharen bestimmt durch die Gleichungen:

---

[1]) Sitzungsberichte der Kgl. Bayerischen Akademie der Wissenschaften, math.-phys. Klasse, Bd. XXXVI (1906), S. 247 ff.

(1)
$$\begin{cases} x = U_1 + U_3 \cos \varphi, & y = U_2 + U_3 \sin \varphi; \\ x = V_1 + V_3 \cos \psi, & y = V_2 + V_3 \sin \psi. \end{cases}$$

Sollen die beiden Scharen u, v rhombisch sein, soll also sein:

$$x_u^2 + y_u^2 = x_v^2 + y_v^2,$$

so muß sein:

(2)
$$V_3 \, \psi_u = U_3 \, \varphi_v.$$

Aus den Gleichungen (1) kommt nun:

(3)
$$\begin{cases} V_3 \cos \psi - U_3 \cos \varphi = U_1 - V_1, \\ V_3 \sin \psi - U_3 \sin \varphi = U_2 - V_2 \end{cases}$$

und hieraus durch Differentiation nach u bzw. v:

$$\begin{aligned} - V_3 \sin \psi \, \psi_u + U_3 \sin \varphi \, \varphi_u - U_3' \cos \varphi &= U_1', \\ V_3 \cos \psi \, \psi_u - U_3 \cos \varphi \, \varphi_u - U_3' \sin \varphi &= U_2'; \\ - V_3 \sin \psi \, \psi_v + U_3 \sin \varphi \, \varphi_v + V_3' \cos \psi &= -V_1', \\ V_3 \cos \psi \, \psi_v - U_3 \cos \varphi \, \varphi_v + V_3' \sin \psi &= -V_2'. \end{aligned}$$

Durch Multiplikation dieser Gleichungen mit $\cos \varphi$ und $\sin \varphi$, bzw. $\cos \psi$ und $\sin \psi$ und Addition ergibt sich:

(4)
$$\begin{cases} V_3 \sin (\varphi - \psi) \, \psi_u - U_3' = U_1' \cos \varphi + U_2' \sin \varphi, \\ U_3 \sin (\varphi - \psi) \, \varphi_v + V_3' = - V_1' \cos \psi - V_2' \sin \psi, \end{cases}$$

somit unter Beachtung der Gleichung (2):

$$U_3' + V_3' + U_1' \cos \varphi + U_2' \sin \varphi + V_1' \cos \psi + V_2' \sin \psi = 0$$

oder, wenn man für $\cos \psi$ und $\sin \psi$ die Werte aus (3) einsetzt:

(5)
$$\left(\frac{U_1'}{U_3} + \frac{V_1'}{V_3} \right) \cos \varphi + \left(\frac{U_2'}{U_3} + \frac{V_2'}{V_3} \right) \sin \varphi$$
$$+ \frac{1}{U_3} \left((U_1 - V_1) \frac{V_1'}{V_3} + (U_2 - V_2) \frac{V_2'}{V_3} + U_3' + V_3' \right) = 0.$$

Weiterhin erhält man aus den Gleichungen (3) durch Quadrieren und Addieren, nachdem man $U_3 \cos \varphi$ und $U_3 \sin \varphi$ auf die linken Seiten gebracht hat:

(6)
$$2 (U_1 - V_1) U_3 \cos \varphi + 2 (U_2 - V_2) U_3 \sin \varphi$$
$$+ (U_1 - V_1)^2 + (U_2 - V_2)^2 + U_3^2 - V_3^2 = 0.$$

Aus den beiden Gleichungen (5) und (6) findet man durch Elimination $\cos \varphi$ und $\sin \varphi$; die Beziehung $\cos^2 \varphi + \sin^2 \varphi = 1$

gibt dann die funktionale Beziehung zwischen U_1, U_2, U_3; V_1, V_2, V_3, durch die alle rhombischen Kreisnetze charakterisiert sind. Es soll aber darauf hier nicht näher eingegangen werden; wir behalten uns die Betrachtung des allgemeinen Falles für später vor. Im folgenden beschränken wir uns vielmehr auf den Fall, daß die Eliminationsdeterminante vom (5) und (6) verschwindet. Schreiben wir du, dv an Stelle von $U_3\,du$, $V_3\,dv$, so gilt für diesen Fall:

(7) $$(U_2 - V_2)(U_1' + V_1') - (U_1 - V_1)(U_2' + V_2') = 0,$$

(8) $$\begin{aligned}&2\,(U_1 - V_1)\big((U_1 - V_1)\,V_1' + (U_2 - V_2)\,V_2' + U_3\,U_3' + V_3\,V_3'\big)\\&- (U_1' + V_1')\big((U_1 - V_1)^2 + (U_2 + V_2)^2 + U_3^2 - V_3^2\big) = 0.\end{aligned}$$

Die Funktionalgleichung (7) läßt sich nun leicht behandeln[1]). Durch Differentiation nach U_1 und V_1 erhält man nämlich:

(9) $$\frac{dV_1'}{dV_1}\frac{dU_2}{dU_1} - \frac{dU_1'}{dU_1}\frac{dV_2}{dV_1} + \frac{dU_2'}{dU_1} - \frac{dV_2'}{dV_1} = 0,$$

(10) $$\frac{d^2V_1'}{dV_1^2}\frac{d^2U_2}{dU_1^2} - \frac{d^2U_1'}{dU_1^2}\frac{d^2V_2}{dV_1^2} = 0.$$

Für $\dfrac{d^2U_1'}{dU_1^2} \neq 0$, $\dfrac{d^2V_1'}{dV_1^2} \neq 0$ folgt aus (10) unmittelbar:

(11) $$\begin{cases}\dfrac{d^2U_2}{dU_1^2} = k\,\dfrac{d^2U_1'}{dU_1^2}, & U_2 = k\,U_1' + a_1\,U_1 + b_1,\\[2mm]\dfrac{d^2V_2}{dV_1^2} = k\,\dfrac{d_2V_1'}{dV_1^2}, & V_2 = k\,V_1' + a_2\,V_1 + b_2.\end{cases}$$

Setzt man hieraus die entsprechenden Werte in (9) ein, so findet man:

(12) $$\begin{cases}k\,\dfrac{dU_1''}{dV_1} + (a_1 - a_2)\dfrac{dU_1'}{dU_1} = l, & k\,U_1'' + (a_1 - a_2)\,U_1' = l\,U_1' + c_1,\\[2mm]k\,\dfrac{dV_1''}{dV_2} + (a_2 - a_1)\dfrac{dV_1'}{dV_2} = l, & k\,V_1'' + (a_2 - a_1)\,V_1' = l\,V_1' + c_2.\end{cases}$$

---

[1]) Die Funktionalgleichung (7) ist die gleiche, die bei den geodätischen rhombischen Netzen auf Flächen konstanter Krümmung auftritt. (Vgl. O. Volk, Über geodätische rhombische Kurvennetze auf krummen Flächen, insbesondere auf Flächen konstanter Krümmung. Sitzungsberichte der Heidelberger Akademie der Wissenschaften, math.-naturwiss. Klasse. Jahrgang 1925. 13. Abhandlung. S. 107, Gl. (30). Die obige Lösung ist erheblich einfacher als die daselbst gegebene.)

Man kann nun, ohne die Allgemeinheit zu beschränken, $b_1 = b_2 = c_1 = c_2 = 0$ setzen, da die Beibehaltung dieser Konstanten nur eine Parallelverschiebung des Koordinatensystems bedeuten würde; dagegen muß $k \neq 0$ sein. Aus (7) kommt dann:

$$(13) \quad \begin{cases} k\,U_1'^2 + (a_1 - a_2)\,U_1\,U_1' - l\,U_1^2 = m, \\ k\,V_1'^2 + (a_2 - a_1)\,V_1\,V_1' - l\,V_1^2 = m. \end{cases}$$

Durch Differentiation der ersten Gleichung (13) erhält man:

$$2\,k\,U_1'\,U_1'' + (a_1 - a_2)\,U_1\,U_1'' + (a_1 - a_2)\,U_1'^2 - 2\,l\,U_1\,U_1' = 0$$

oder, wenn man für U_1'' seinen Wert aus der ersten Gleichung (12) einsetzt:

$$(a_1 - a_2)\,(k\,U_1'^2 + (a_1 - a_2)\,U_1\,U_1' + l\,U_1^2) = 0.$$

Daraus folgt durch Vergleich mit der ersten Gleichung (13) entweder $m = 0$ oder $a_1 = a_2$. Die erste Möglichkeit $m = 0$ scheidet aus, da sonst U_1' eine lineare Funktion von U_1 wäre und somit $\dfrac{d^2\,U_1'}{d\,U_1^2} = 0$. Somit bleibt nur die Möglichkeit:

$$(14) \qquad a_1 = a_2,$$

Wir erhalten also, wenn wir von überflüssigen Konstanten absehen, für $l \neq 0$:

$$(15) \quad \begin{cases} U_1 = C_1 \cos u, \quad U_2 = C_2 \sin u, \\ V_1 = C_1 \cos v, \quad V_2 = C_2 \sin v. \end{cases}$$

Ist aber $l = 0$, so kommt:

$$(16) \quad \begin{cases} U_1 = C_1\,u^2, \quad U_2 = C_2\,u^2 + C_3\,u, \\ V_1 = C_1\,v^2, \quad V_2 = C_2\,v^2 + C_3\,v. \end{cases}$$

Es bleiben noch die Ausnahmefälle zu betrachten.

Ist gleichzeitig:

$$\frac{d^2\,U_1'}{d\,U_1^2} = 0, \frac{d^2\,V_1'}{d\,V_1^2} = 0,$$

so wird:

$$(17) \quad \begin{cases} U_1' = a_1\,U_1 + b_1, \\ V_1' = a_2\,V_1 + b_2. \end{cases}$$

Aus (9) kommt dann:

$$(18) \quad \begin{aligned} U_2' + a_2\,U_2 = c\,U_1 + d_1, \\ V_2' + a_2\,V_2 = c\,V_1 + d_2. \end{aligned}$$

Hier kann man wieder $b_1 = b_2 = d_1 = d_2 = 0$ setzen. Aus (7) kommt dann:

$$(19) \qquad \begin{cases} c\, U_1^2 - (a_1 + a_2)\, U_1\, U_2 = m, \\ c\, V_1^2 - (a_1 + a_2)\, V_1\, V_2 = m. \end{cases}$$

Durch Differentiation ergibt sich hieraus:

$$2\, c\, U_1\, U_1' - (a_1 + a_2)\,(U_1'\, U_2 + U_1\, U_2') = 0,$$

somit nach (17) und (18):

$$(a_1 - a_2)\,(c\, U_1 - (a_1 + a_2)\, U_2)\, U_1 = 0.$$

Durch Vergleich mit (19) folgt hieraus entweder $m = 0$ oder $a_1 = a_2$. Im ersten Falle $m = 0$ wird für $a_1 + a_2 \neq 0$:

$$U_2 = \frac{c}{a_1 + a_2}\, U_1,$$

$$V_2 = \frac{c}{a_1 + a_2}\, V_1;$$

das führt aber, wie man aus (7) unmittelbar erkennt, auf;

$$U_1' + V_1' = 0,$$

also auf:

$$(20) \qquad U_1 = k\, u, \qquad V_1 = -k\, v$$

und folglich auch auf:

$$(21) \qquad U_2 = l\, u, \qquad V_2 = -l\, v.$$

Ist $a_1 + a_2 = 0$, so muß $m = c = 0$ sein; aus (17) und (18) kommt dann:

$$(22) \qquad \begin{cases} U_1 = e^u, & U_2 = C_1\, e^u, \\ V_1 = e^{-v}, & V_2 = C_2\, e^{-v}. \end{cases}$$

Der Fall $a_1 = a_2$ ergibt aber:

$$(23) \qquad \begin{cases} U_1 = e^u, & U_2 = C_1\, e^{-u} + C_2\, e^u, \\ V_1 = e^v, & V_2 = C_1\, e^{-v} + C_2\, e^v. \end{cases}$$

Ist aber gleichzeitig:

$$\frac{d^2\, U_1'}{d\, U_1^2} = 0, \qquad \frac{d^2\, U_2}{d\, U_1^2} = 0,$$

also:

$$(24) \qquad \begin{cases} U_1' = a_1\, U_1 + b_1, \\ U_2 = a_2\, U_1 + b_2, \end{cases}$$

so kommt man wieder auf die Gleichungen (22).

Es bleiben noch die zugehörigen U_3, V_3 zu berechnen.

Gelten die Gleichungen (15), so erhält man aus (8) eine Gleichung von der Form:

$$(25) \qquad P_1(u) - Q_1(v) - P_2(u)\cos v + Q_2(u)\cos u \\ + P_3(u)\sin v - Q_3(v)\sin u = 0,$$

wo ist:

$$(26) \quad \begin{cases} P_1(u) = U_3^2\sin u + 2U_3U_1'\cos u + (C_1^2 - C_2^2)\sin u\cos^2 u, \\ P_2(u) = 2U_3U_3' + (C_1^2 - C_2^2)\sin 2u, \; P_3(u) = U_3^2 - (C_1^2 - C_2^2)\cos^2 u; \\ Q_1(v) = V_3^2\sin v + 2V_3V_3'\cos v + (C_1^2 - C_2^2)\sin v\cos^2 v, \\ Q_2(v) = 2V_3V_3' + (C_1^2 - C_2^2)\sin 2v, \; Q_3(v) = V_3^2 - (C_1^2 - C_2^2)\cos^2 v. \end{cases}$$

Durch Differentiation nach u und v kommt aus (25):

$$(27) \quad P_2'(u)\sin v - Q_2'(v)\sin u + P_3'(u)\cos v - Q_3'(v)\cos u = 0.$$

Dividiert man diese Gleichung mit $\sin u \cdot \sin v$ und differentiert nochmals nach u und v, so ergibt sich:

$$\frac{1}{\sin^2 v}\left(\frac{P_3'(u)}{\sin u}\right)' - \frac{1}{\sin^2 u}\left(\frac{Q_3'(v)}{\sin v}\right)' = 0,$$

woraus folgt:

$$(28) \begin{cases} P_3'(u) = k\cos u - l_1\sin u, \; P_3(u) = k\sin u + l_1\cos u + m_1, \\ Q_3'(v) = k\cos v - l_2\sin v, \; Q_3(v) = k\sin v + l_2\cos v + m_2. \end{cases}$$

Aus (27) kommt dann:

$$(29) \begin{cases} P_2'(u) + l_2\cos u = n\sin u, \; P_2(u) = -l_2\sin u - n\cos u + p_1, \\ P_2'(v) + l_1\cos v = n\sin v, \; Q_2(v) = -l_1\sin v - n\cos v + p_2. \end{cases}$$

Aus (25) ergibt sich schließlich:

$$(30) \quad \begin{cases} P_1(u) = -p_2\cos u + m_2\sin u + q, \\ Q_1(v) = -p_1\cos v + m_1\sin v + q. \end{cases}$$

Man erkennt leicht, daß die Gleichungen (28) — (30) dann und nur dann miteinander verträglich sind, wenn ist:

$$l_1 = l_2 = l, \quad m_1 = m_2 = m, \quad q = k, \quad n = -k, \quad p_1 = p_2 = 0,$$

sodaß man also erhält:

$$(31) \quad \begin{cases} U_3^2 = (C_1^2 - C_2^2)\cos^2 u + k\sin u + l\cos u + m, \\ V_3^2 = (C_1^2 - C_2^2)\cos^2 v + k\sin v + l\cos v + m, \end{cases}$$

wo k, l, m beliebige Konstante bedeuten.

In analoger Weise führen die Gleichungen (16) auf:

(32)
$$\begin{cases} U_3^2 = (C_1^2 + C_2^2)\, u^4 + k\, u^2 + l\, u + m, \\ V_3^2 = (C_1^2 + C_2^2)\, v^4 + k\, v^2 + l\, v + m. \end{cases}$$

Die Gleichungen (23) liefern:

(33)
$$\begin{cases} U_3^2 = (1 + C_2^2)\, e^{2u} + C_1^2\, e^{-2u} + k\, e^u + m\, e^{-u} + l, \\ V_3^2 = (1 + C_2^2)\, e^{3v} + C_1^2\, e^{-2v} + k\, e^v + m\, e^{-v} + l. \end{cases}$$

Für die Gleichungen (22) ergibt sich:

(34)
$$\begin{cases} U_3^2 = (1 + C_1^2)\, e^{2u} + k\, e^u + l, \\ V_3^2 = (1 + C_2^2)\, e^{-2v} + m\, e^v + l. \end{cases}$$

Endlich erhält man bei Annahme der Gleichungen (20) und (21):

(35)
$$\begin{cases} U_3^2 = (1 + k^2)\, u^2 + m\, u + l, \\ V_3^2 = (1 + k^2)\, v^2 + m\, u + n. \end{cases}$$

Bei der Ableitung der Gleichungen (9) und (10) wird vorausgesetzt, daß U_1, V_1 nicht konstant seien. Sei nun:

(36)
$$U_1 = C_1, \quad V_1 = C_2.$$

Aus (7) folgt dann unmittelbar für $C_1 \neq C_2$.

(37)
$$U_2 = k\, u, \quad V_2 = -k\, v$$

und aus (8):

(38)
$$\begin{cases} U_3^2 = k^2\, u^2 + l\, u + m, \\ V_3^2 = k^2\, v^2 + l\, v + n. \end{cases}$$

Ist aber $C_1 = C_2$, so muß man auf die Gleichungen (5) und (6) zurückgehen.

Man findet aus ihnen:
$$(U_2' + V_2')\, U_3 \sin \varphi + (U_2 - V_2)\, V_2' + U_3\, U_3' + V_3\, V_3' = 0;$$
$$2\,(U_2 - V_2)\, U_3 \sin \varphi + (U_2 - V_2)^2 + U_3^2 - V_3^2 = 0;$$

die Elimination von $\sin \varphi$ ergibt die Funktionalgleichung:

(39)
$$\begin{aligned} P_1(u) - Q_1(v) + 2\, P_2(u)\, V_2 - 2\, Q_2(v)\, U_2 \\ + P_3(u)\, V_2' - Q_3(v)\, U_2' = 0, \end{aligned}$$

wo ist:

(40)
$$\begin{cases} P_1(u) = (U_2^2 + U_3^2)\, U_2' - 2\, U_2\, U_3\, U_3', \\ P_2(u) = U_3\, U_3' - U_2\, U_2', \quad P_3(u) = U_3^2 - U_2^2; \\ Q_1(v) = (V_2^2 + V_3^2)\, V_2' - 2\, V_2\, V_3\, V_3', \\ Q_2(v) = V_3\, V_3' - V_2\, V_2', \quad Q_3(v) = V_3^2 - V_2^2. \end{cases}$$

9*

Durch Differentiation nach U_2, V_2 findet man hieraus in der gleichen Weise wie oben:

$$(41) \quad \begin{cases} P_3(u) = k\,U_2' + l_1\,U_2, \\ Q_3(v) = k\,V_2' + l_2\,V_2; \end{cases}$$

$$(42) \quad \begin{cases} 2\,P_2(u) = l_2\,U_2' + p\,U_2 + q_1, \\ 2\,Q_2(v) = l_1\,V_2' + p\,V_2 + q_2; \end{cases}$$

$$(43) \quad \begin{cases} P_1(u) = q_2\,U_2 + r, \\ Q_1(v) = q_1\,V_2 + r. \end{cases}$$

Diese Gleichungen führen auf die Beziehung:

$$(44) \quad U_3^2 = U_2^2 + a\,U_2 + b, \quad V_3^2 = V_2^2 + a\,V_2 + b.$$

wo a, b beliebige Konstante bedenken.

Aus den vorstehenden Ausführungen folgt der Satz:

Liegen die Mittelpunkte zweier Kreisscharen auf einem Kegelschnitt, der auch in ein Geradenpaar ausarten kann, und sind die Radien der Kreise bestimmt durch $r^2 = (x - a)^2 + (y - b)^2 + c$, wo x, y die Koordinaten der Mittelpunkte und a, b, c beliebige Konstante bedeuten, so lassen sie sich rhombisch anordnen.

§ 2. Dreiecksnetze aus Kreisen, deren Mittelpunkte auf einer Kurve dritter Ordnung liegen.

Ein Dreiecksnetz aus Kreisen ist durch die drei Gleichungen bestimmt:

$$(1) \quad \begin{cases} x^2 + y^2 + 2\,U_1\,x + 2\,U_2\,y = U_3, \\ x^2 + y^2 + 2\,V_1\,x + 2\,V_2\,y = V_3, \\ x^2 + y^2 + 2\,\varphi_1\,x + 2\,\varphi_2\,y = \varphi_3, \end{cases}$$

wo U_1, U_2, U_3 Funktionen von u, V_1, V_2, V_3 solche von v und φ_1, φ_2, φ_3 solche von $u + v$ bedeuten.

Die Elimination von x und y aus den Gleichungen (1) führt auf eine Funktionalgleichung, auf die wir an anderer Stelle zurückzukommen hoffen. Hier beschränken wir uns auf die Betrachtung des Falles, der sich ergibt, wenn die Eliminationsdeterminanten von je zwei linearen Gleichungen, die man durch Subtraktion der Gleichungen (1) von einander erhält, verschwinden, d. h. wenn gleichzeitig ist:

$$(2) \quad \begin{cases} (U_1 - V_1)(V_2 - \varphi_2) - (U_2 - V_2)(V_1 - \varphi_1) = 0, \\ (U_3 - V_3)(V_1 - \varphi_1) - (U_1 - V_1)(V_3 - \varphi_3) = 0. \end{cases}$$

Diese Gleichungen lassen sich in der Form schreiben:

$$(3) \quad \begin{cases} (U_2 - V_2)\varphi_1 - (U_1 - V_1)\varphi_2 + U_1 V_2 - U_2 V_1 = 0, \\ (U_3 - V_3)\varphi_1 - (U_1 - V_1)\varphi_3 + U_1 V_3 - U_3 V_1 = 0; \end{cases}$$

sie haben die Form der Funktionalgleichung, die bei den geodätischen Dreiecksnetzen auf Flächen konstanter Krümmung auftritt; diese hat, unter Weglassung aller Konstanten, die nur eine
Parallelverschiebung der Koordinaten bedeuten, in den Bezeich-
nungen der ersten Gleichung (3) die Lösung[1]:

$$(4) \quad \begin{cases} U_1 = p(u), & U_2 = p'(u), \\ V_1 = p(v), & V_2 = p'(v), \\ \varphi_1 = p(u+v), & \varphi_2 = -p'(u+v), \end{cases}$$

wo p die Weierstraß'sche p — Funktion bedeutet;
oder:

$$(5) \quad \begin{cases} V_1 = 0, \quad V_2' = a + \beta V_2 + \gamma V_2^2, \\ U_1' = U_1 \sqrt{a + 2b U_1 + c U_1^2}, \\ U_2 = -\dfrac{\beta}{2\gamma} + \dfrac{\delta}{2\gamma} U_1 - \dfrac{1}{2\gamma} \sqrt{a + 2b U_1 + c U_1^2}, \\ \varphi_1' = \varphi_1 \sqrt{a + 2b \varphi_1 + c \varphi_1^2}, \\ \varphi_2 = -\dfrac{\beta}{2\gamma} + \dfrac{\delta}{2\gamma} \varphi_1 - \dfrac{1}{2\gamma} \sqrt{a + 2b \varphi_1 + c \varphi_1^2}; \end{cases}$$

oder:

$$(6) \quad \begin{cases} U_1 - \varkappa U_2 = 0, & U_2 \text{ beliebig,} \\ V_1 - \varkappa V_2 = 0, & V_2 \text{ beliebig,} \\ \varphi_1 - \varkappa \varphi_2 = 0, & \varphi_2 \text{ beliebig,} \end{cases}$$

oder:

$$(7) \quad \begin{cases} U_1 = u^2, & U_2 = u, \\ V_1 = v^2, & V_2 = v, \\ \varphi_1, \varphi_2 \text{ unendlich,} & \dfrac{\varphi_1}{\varphi_2} = u + v. \end{cases}$$

---

[1] Vgl. O. Volk, Über geodätische Dreiecksnetze auf Flächen konstanten
Krümmungsmaßes. Sitzungsberichte der Heidelberger Akademie der Wissenschaften, math.-naturwiss. Klasse. Jahrgang 1927. 3. Abhandlung. S. 6 ff. In
der Gleichung (34) ist im Nenner 2γ weggeblieben.

Aus der zweiten Funktionalgleichung (3), die aus der ersten durch Vertauschung von U_2, V_2, φ_2 mit U_3, V_3, φ_3 hervorgeht, folgt dann:

$$(8) \qquad U_3 = a\,p\,(u) + b\,p'\,(u), \qquad V_3 = a\,p\,(v) + b\,p'\,(v),$$
$$\varphi_3 = a\,p\,(u+v) + b\,p'\,(u+v);$$

oder:

$$(9) \quad \begin{cases} V_3 = \alpha' + \beta'\,V_3 + \gamma'\,V_3^2, \\[2mm] U_3 = -\dfrac{\beta'}{2\,\gamma'} + \dfrac{\delta'}{2\,\gamma'}\,U_1 - \dfrac{1}{2\,\gamma'}\,\sqrt{a + 2\,b\,U_1 + c\,U_1^2}, \\[2mm] \varphi_3 = -\dfrac{\beta'}{2\,\gamma'} + \dfrac{\delta'}{2\,\gamma'}\,\varphi_1 - \dfrac{1}{2\,\gamma'}\,\sqrt{a + 2\,b\,\varphi_1 + c\,\varphi_1^2}; \end{cases}$$

oder:

$$(10) \quad \begin{cases} U_1 - \varkappa'\,U_3 = 0, & U_3 \text{ beliebig,} \\ V_1 - \varkappa'\,V_3 = 0, & V_3 \text{ beliebig,} \\ \varphi_1 - \varkappa'\,\varphi_3 = 0, & \varphi_3 \text{ beliebig,} \end{cases}$$

oder:

$$(11) \quad \begin{cases} U_3 = a\,u^2 + 2\,b\,u + c, \\ V_3 = a\,v^2 + 2\,b\,v + c, \\ \varphi_3 \text{ unendlich,}\ \dfrac{\varphi_1}{\varphi_3} = \dfrac{u+v}{a\,(u+v) + 2\,b}. \end{cases}$$

Daraus folgt der Satz:

Liegen die Mittelpunkte dreier Kreisscharen auf ein und derselben Kurve dritter Ordnung:

$$x = p\,(u), \quad y = p'\,(u),$$

die in eine Gerade und einen Kegelschnitt oder in drei Gerade ausarten kann, und sind die Radien der Kreise bestimmt durch die Gleichung:

$$r^2 = (x - a)^2 + (y - b)^2 + c,$$

wo x, y die Koordinaten der Kreismittelpunkte und a, b, c beliebige Konstante bedeuten, so lassen sie sich zu einem Dreiecksnetz anordnen. In dem besonderen Falle, daß die Kurve dritter Ordnung in eine Parabel ausartet, arten die Kreise $u + v = $ const. in Geraden aus.